U0497034

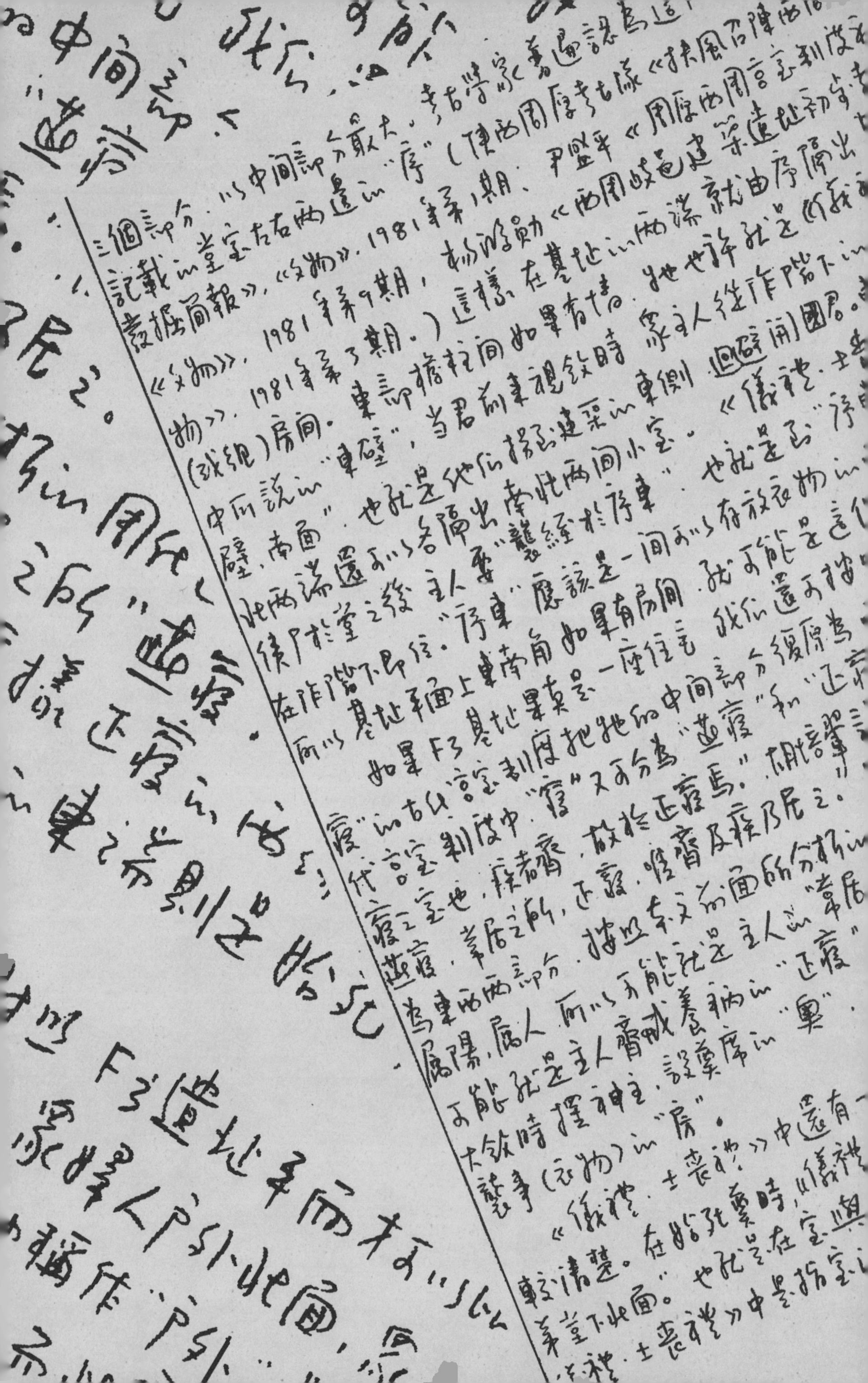

建筑学术文库

解读建筑

赖德霖 著

中国水利水电出版社
知识产权出版社

内容提要

本书系“建筑学术文库”之一。作者结合建筑史和美术史的研究方法，从“文本”和“文脉”，即建筑的形式语言及其演变，以及建筑生成的社会与文化背景两个方面对许多建筑和建筑问题进行了“解读”。内容涉及建筑学的诸多方面，例如，空间与礼仪、技术与艺术、形式与风格、继承与创新、建筑中的历史、历史中的建筑、读史与评史和写史与读史。作者希望能够通过历史来理解建筑，并通过建筑去理解历史。

本书内容广泛，研究角度多样，且图文并茂，适合建筑史和建筑理论的研究者，高等院校建筑及相关专业的教师和学生，以及广大建筑爱好者参考阅读。

选题策划：阳　淼　张宝林　E-mail：yangsanshui@vip.sina.com；z_baolin@263.net
责任编辑：阳　淼　张宝林
文字编辑：张　冰

图书在版编目（CIP）数据

解读建筑 / 赖德霖著.—北京：中国水利水电出版社：知识产权出版社，2009
(建筑学术文库)
ISBN 978-7-5084-6271-4

I. 解… Ⅱ.赖… Ⅲ.建筑学-研究 Ⅳ.TU

中国版本图书馆CIP数据核字（2009）第016163号

建筑学术文库

解读建筑
赖德霖 著

中国水利水电出版社　出版发行（北京市海淀区玉渊潭南路1号D座；电话：010-68367658）
知识产权出版社　出版发行（北京市海淀区马甸南村1号；电话：010-82005070）
北京科水图书销售中心零售（电话：010-88383994、63202643）
全国各地新华书店和相关出版物销售网点经售
北京城市节奏科技发展有限公司排版
北京市兴怀印刷厂印刷
175mm×260mm　16开本　13.75印张　317千字
2009年7月第1版　2009年7月第1次印刷
印数：0001—4000册
定价：36.00元

序

我为师不长，做学生却不短——如果当今中国建筑界要评选什么“之最”，我猜想自己的学龄大概可以让我忝列一席。这本书就是一名建筑老生的作业。取名“解读建筑”，是因为我虽然相信建筑是“凝固的音乐”，但总羞于自己的牛耳朵，不敢言听，只好取意“建筑是石头的史书”而言读。既然是“史书”，就希望能读出历史——包括建筑历史和社会历史——的信息。于是就看房子，琢磨图纸，了解建筑师，还去探查与建筑相关的故事。这就是本书的所谓解读方法，前两者强调文本，即建筑物本身的形式语言及其演变；后两者强调文脉，即建筑生成的社会和文化背景。总之，我希望通过历史来理解建筑，也希望通过建筑去理解历史。当然，还有人说“以史为鉴”。我也这么想，但未知做到也无。

中国水利水电出版社和知识产权出版社的副总编辑阳淼女士和张宝林先生有意奖掖后进，编辑张冰女士也不辞辛劳编排拙稿，我愧无他报，只有道一声“多谢”。

赖德霖

2009 年 5 月于路易维尔

目录

序

一、空间与礼仪 **1**

1 《仪礼·士丧礼》所反映的建筑空间观念与陕西周原周代建筑空间试析 3
2 雅典卫城山门朝向的历史演变及其意义 12

二、技术与艺术 **27**

3 从马王堆 3 号和 1 号墓看西汉初期墓葬设计的用尺问题 29
4 富勒与设计科学 35

三、形式与风格 **47**

5 吕彦直与中山陵及中山堂 49
6 杨廷宝与路易·康 55

四、继承与创新 **71**

7 建筑中的创新：从三位美国本土生建筑师说起 73
8 美国高层建筑的发展与纽约四季旅馆 87

五、建筑中的历史 **97**

9 《儒林外史》与明清建筑文化 99
10 重构建筑学与国家的关系：中国建筑现代转型问题再思 109

六、历史中的建筑 115

11 日本建筑观与思 117
12 20世纪之前的美国建筑 125

七、读史与评史 175

13 社会科学、人文科学、技术科学的结合
——中国建筑史研究方法初识，兼议中国营造学社
研究方法“科学性”之所在 177
14 关于柯布西耶住宅作品的建筑解读 188

八、写史与读史 203

15 北京的交通问题出自交通吗？ 205
16 吴佩孚，吾佩服 209

不学史，无以言（代跋） 213

一、空间与礼仪

1 《仪礼·士丧礼》所反映的建筑空间观念与陕西周原周代建筑空间试析

2 雅典卫城山门朝向的历史演变及其意义

1

《仪礼·士丧礼》所反映的建筑空间观念与陕西周原周代建筑空间试析

《仪礼》是一部中国先秦时期的文献，它记载了与贵族下层的“士”有关的一系列礼制仪式。这些仪礼在很大程度上就是参加的人们在建筑空间中的运动规则，从这些运动规则中我们不仅可以了解到建筑空间在当时是如何被使用的，也可以了解到当时的人们所持有的建筑空间观念。这些认识无疑会有助于我们更深入地研究当时的建筑。本文就试图用《仪礼·士丧礼》所反映的建筑空间观念解析陕西扶风县周原一带出土的周代建筑遗址，并试为遗址的建筑空间复原提供更多的可能。

1. 周代建筑遗址的偶数开间现象与《仪礼·士丧礼》所反映的空间东西之分

扶风周原周代建筑遗址包括 14 座单体建筑的夯土基址，其中保存较完整的是 F8、F3 和 F5 三座，它们的面积也最大。这三座基址的共同特点是在平面的中轴线上都有列柱，使建筑空间被划分为左右开间数相同的偶数开间。这一现象与后代中国建筑的奇数开间的空间分隔方式相比尤为引人注意。较之这三处遗址更早而具同样空间结构的考古遗址还有：河南偃师二里头商代宫殿遗址（3×8 开间）以及陕西岐山凤雏甲组周初宗庙遗址的前堂（3×6 开间）。对于这种双柱开间现象，有学者曾试图通过周人的数字崇拜进行解释[1]，但笔者认为从当时人们使用空间的方式寻找答案似更实际。《仪礼·士丧礼》所描述的空间活动就提供了非常好的实例。

在《仪礼·士丧礼》所记述的祭奠和丧葬活动中，参加者所处的位置、行动路线以及器物的摆放方式都有非

1 程建军，《中国古代建筑与周易哲学》，长春：吉林教育出版社，1991 年，165~170 页。

本文为“第三届中国建筑史学国际研讨会”论文，北京，中国建筑史学会，2004 年 8 月 24~27 日。

常具体的规定。这些规定表现出建筑的空间在使用上具有明确的东西之分，换言之，建筑空间的分划是以东西为标准的。

例如，在死者遗体最初所在的“適室”，《仪礼•士丧礼》规定：“（主人）入，坐于床东，众主人在其后，西面，妇人侠床，东面。”这是以床为中而分东西。再看適室前的“堂”，前来吊唁的君使是“升自西阶”，主人迎接君使也是“升降自西阶”，而为死者穿衣的“受者”和陈放始死奠物的奠人是“升自阼阶，降自西阶。”这是以堂为中而分东西。小敛奠前移尸于堂之后，主人和妇人依旧“如室位”，即分别站于死者遗体的东西两旁。这又是以尸为中分东西。此后的小敛奠和大敛奠主人还是“升降自西阶”，设奠和彻奠的奠人是“升自阼阶，降自西阶”。只有君王前来视敛，他才能从阼阶上下（《仪礼•士丧礼》说：“君升自阼阶”，“降，西鄉命主人馮尸。”清代学者胡培翚注说：“君降自阼阶，在主人之东，西鄉命之也。”）。

对于男女主人位置的东西之分，胡培翚引应镛的话说，这是“阴阳之分。”对于主人“升降自西阶”，汉代学者郑玄注说是“未忍在（旧）主人位”，即主人不走阼阶是因为家长刚刚死去，孝子事死如事生，依旧保持先人生前的生活习惯。因此，东西又象征长幼和主从之分。

图 1 陕西扶风县召陈西周中期宫殿遗址总平面

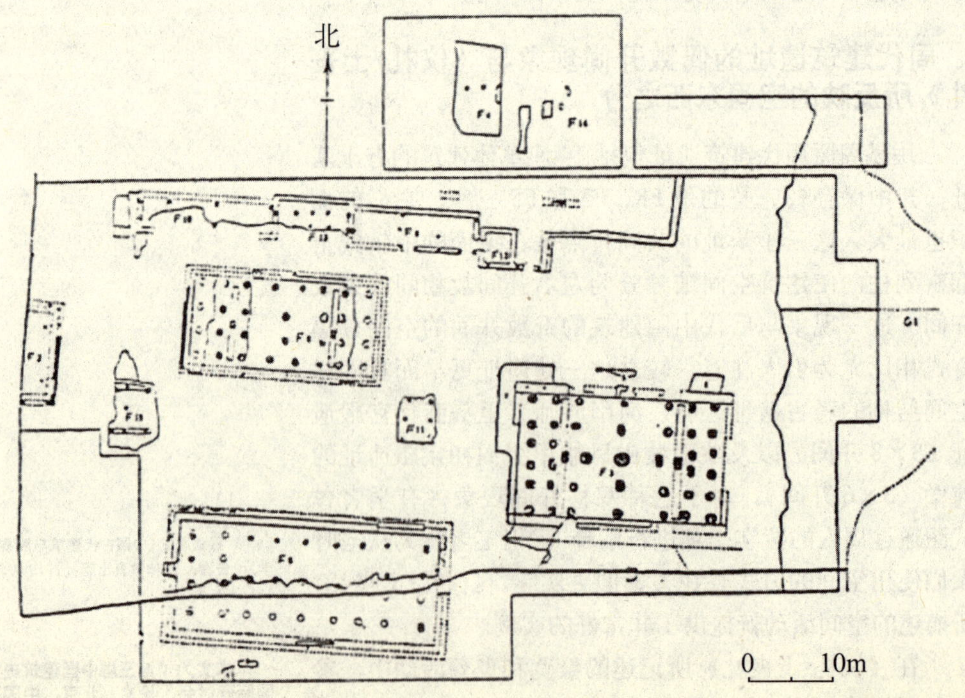

君主前来视敛时他就成为空间的新主人，所以可以“升自阼阶”。如胡培翚注言，这也表示臣子“不敢有其室也”。

堂室前的中庭空间也有东西之分。如小敛之后，主人要从东向北绕过死者的足部，从西阶下，与众主人一道，“东即位”，也就是站在阼阶之下的“东方位”（胡培翚注），妇人也从原来所在的死者西侧移位于东侧原来主人所在的位置。这样所有的家庭成员便都站在了建筑的东部，只有负责移尸的家臣“士”立于西阶之下，这仍然是建筑空间的主从之分的体现。

东西之分还可能象征着人神之分。如士死第一天所设的始死奠是“升自阼阶，奠于尸东”，胡培翚引敖继公的话说：“此时尸南首，东乃其又也。奠于其右，若使其饮食然。”这仍然是像死者生前一样的侍奉。大敛之前，小敛奠物撤下，“设于序西南，当西荣”，胡培翚说，这是“为求神于庭，孝子不忍使其亲须臾无所凭依也者”。大敛时是在阼阶之上的堂东部为尸敛衣，之后再迁到西阶入殡，也就是《礼记•檀弓》所说的“殡于客位”。入殡前死者的遗体和生前一样是可见的，所以要在主位，也就是阼阶上为他敛衣；而入殡之后，他就进入了另一个与生前完全不同的世界，所以就迁到西阶。

东西的人神之分还可以在所谓的“奥”位上得到证明。奥位是適室内的西南角，此时死者遗体已经入殡，不奠于尸侧而奠于適室之内，按照胡培翚的解释，就是“庙祭之始也”，也就是开始把死者当作神来祭祀。胡培翚又说，大敛奠之前，“祝执巾，与执席者从入，为安神位者”，也就是在奥的位置设置死者的灵位。

男女、长幼、主从、君臣和人神是社会关系中的一系列二元对立，表现这种对立的空间关系可以是上下、前后、内外、南北和东西。《仪礼•士丧礼》作为一部先秦时期的文献，记录了较多中国周代以来的礼制规则，其中反映的社会关系在空间上主要是通过东西之分来表现的，所以扶风周原周代建筑遗址的偶数开间现象应该就是这种空间使用方式的体现。

2. 周代建筑的纵架结构与《仪礼•士丧礼》所反映的室内视觉特点

在扶风周原周代建筑遗址中另一个引人注意的现象是纵架结构。这种结构的特点是，建筑物的柱网在面阔方向上对位，但在进深方向上不对位，换言之，建筑的承重结构是沿面阔方向的檩枋，而不是沿进深方向的梁架。“这和习见的唐宋以后木结构在内外柱间直接架梁承檩，并使柱列间的阑额、柱头枋等主要只起纵向连系构件作用是很不相同的。”[2]

2 傅熹年，《陕西扶风召陈西周建筑遗址初探》，《文物》，1981 年第 3 期。

对于这一现象，如果仅从结构方面分析或许显得不甚合理，但如果从空间使用的角度考察，答案则不尽相同。因为当建筑空间中的活动是东西（或左右）相对应时，东西（或左右）方向的视觉效果就可能得到更多的重视。按照《仪礼•士丧礼》的规定，人们在建筑空间中的站位大都是东西相对的。如始死奠时，君使（吊者）前来致命，他是“升自西阶，东面”；小敛奠时，主人和妇人“如室位”，也就是从东西两面对着尸体；大敛奠时，君前来视敛，他是“升自阼阶，西鄉。”“东面”和“西鄉”是与礼仪相关联的空间活动方式，东西方向的纵架有助于加强这个方向上视觉的连续感，同时东西方向上的柱列和墙体在视觉上也更整齐有序。因此，使用纵架就较之南北方向的横架更合理。

周代建筑空间更强调东西方向的视觉效果这一认识还可以帮助我们解决另一个《仪礼•士丧礼》的注解与考古发现之间的矛盾。《仪礼•士丧礼》中有“设床、第于两楹之间”（小敛奠）和“正柩于两楹间”（朝祖庙）的规定。楹即柱，“两楹间”也即两柱间。历来对“两楹间”的解释为东西两楹，即床、第与柩是摆在建筑当心间（明间）的正中。但是如果我们对照扶风周原周代建筑遗址，偶数开间为一种非常普遍的现象，也就是说，建筑中少有后世奇数开间建筑所有的当心间，这样把“两楹间”解释为东西两楹就难以令人信服。在这里唯一的可能是，“两楹”是指南北两楹，床、第与柩即放于南北两柱之间。

将“两楹”解释为东西两楹的学者显然是受到了奇数开间的空间划分传统的影响，比较重视床、第、柩在南北方向上的视觉效果，因为如果是在东西两楹之间，从堂下所看到的床、第、柩是被左右两柱形成的柱框所围合，是堂立面上的中心。但这种效果对于身在堂上的观者来说并不理想，因为他们和床、第、柩之间受到一根独立的柱子的阻隔。如果是南北两楹，柱子就在床、第、柩的两端。虽然从庭院的轴线上看，床、第和柩的一端被柱所遮挡，但是站在堂上从两侧观看，由南北两柱所围合的床、第、柩的视觉效果就比较好。这种效果对于强调东西对视的空间来说显然更为重要。

3. 周代建筑的偶数开间与《仪礼•士丧礼》所反映的空间轴线和空间运动

建筑空间的设计受到了空间活动方式的影响，而既成的空间形态也会制约空间中的活动方式。在偶数开间的建筑中，由于轴线上是柱而不是空间，所以就不可能有沿着轴线方向的空间运动，也没有建筑和庭院之间在轴线位置上的交流。在这种情况下，轴线在空间中的统领作用就只能靠观念上的象征而不是靠实际的运动来实现。

虽然“两楹间”是指偶数开间上的南北两楹，亦或指奇数开间的东西两楹尚存争议，但是《仪礼•士丧礼》所描述的建筑空间的轴线是象征性的而非实用性的却可以肯定。首先在士死的第一天，家人为他“刊重”，即刊刻一根木棍，并将写有“某氏某之柩”的旗挂其上。郑玄注说，重“为神凴依也。”清代学者方苞也说：“即袭设冒，亲之形容不可复睹，故设木于中庭，使神依也。”按照《仪礼•士丧礼》的规定，“甸人置重于中庭，叁分庭，一在南”，胡培翚注说：“中庭，东西之中也。”重置于庭院的中轴线上，也就阻隔了人们在庭院中沿轴线的运动。同时，它又成为人们进入庭院大门（《仪礼•士丧礼》中所说的寝门或朝门）时的第一个对景。与此相一致的是，摆放死者遗体的床、第也是设在这条轴线之上，因此建筑中的轴线就成为一个礼仪上的象征，它表明在这一情境里，死者是整个空间活动的中心（重不仅界定了东西，还界定了南北。在它以北，人的站立是东西相向，这些人是仪礼活动的主要参与者，而在它以南和门塾之间，站立的是宾客，他们面北而立，是礼仪活动的观看者）。

由于轴线只是象征物的所在而不可能有实际的运动，因此在这种空间中，运动只能表现为两种方式：一种方式是沿轴线两侧平行于轴线的运动，另一种方式是以轴线上的柱或其他物体为中心的环形运动。《仪礼•士丧礼》所描述的空间运动就可以概括为这两种方式。

按照第一种方式运动的人有：在始死奠时前来吊襚的君使和在大敛奠时前来视敛的国君，朝祖庙时参加启殡的家臣“士”和主人，以及负责摆放从奠的“奠人”。这些人中只有国君是“升自阼阶”，其他人都是“升降自西阶”。

按照第二种方式运动的人有：始死奠、小敛奠、大敛奠和朝夕奠时负责摆、撤奠物的奠人以及朝祖奠时的彻者，他们是逆时针“升自阼阶，降自西阶”或“升自阼阶，奠于尸东，由足降自西阶，由重南东”。此外，家庭的主人、众主人和主妇通常也是按照这种方式运动的。他们是顺时针“升自西阶，出于足，西面”，或是“（西面），出于足，降自西阶”。

扶风周原周代建筑遗址为偶数开间，因此原来空间中的运动也必然受到这两种方式的局限。或许召陈F8奇数开间的外檐柱以及岐山凤雏甲组周初宗庙遗址前堂的中阶，表明了人们开始认识到轴线方向的运动与交流在表现社会关系时的重要性。换言之，它们体现了中国建筑正在从偶数开间向着轴线空间独立存在的奇数开间的转变（虽然岐山凤雏甲组遗址被认为属周代初期，但其中阶仍有可能是后来加建的）。另一方面，如果《仪礼•士丧礼》所记述的丧葬活动中人们的运动方式成为一种传统并延续到后代，它就有可能会成为汉代大量祠堂建筑之所以为双开间的一个原因（如山东肥城县孝堂山墓祠、山东沂南县古画像石墓、山东苍山墓、辽宁辽阳鹅房东汉壁画墓、河南南阳石桥汉画像石墓和唐河针织厂画像石墓等）。

4.《仪礼•士丧礼》所反映的复合空间住宅与扶风F3遗址的空间原形设想

《仪礼•士丧礼》所记述的一系列祭奠和丧葬活动包括始死奠、小敛奠、大敛奠、朝夕奠和这期间的朔月奠、筮宅、视椁、卜日、朝祖奠和大遣奠。其中除筮宅是在墓地进行之外，其他所有仪礼都与闭合型建筑空间有关，尤其是死者的家宅。按照《仪礼•士丧礼》所描述的程序，死者死于適室后，人们要在中屋（屋脊）上为他招魂，在室内为他小敛，在堂上为他大敛并入殡。围绕这一系列礼仪，《仪礼•士丧礼》中不仅提到许多建筑部位的名称，如东荣、西荣、东坫、西坫、阼阶、西阶、序、奥、门、户、牖、楹、宇、西墙等，还提到室、堂、东堂、房、东塾、中庭等空间的名称。从这些名称和书中所记述的空间活动我们不仅可以知道这个家宅是一个有墙、有门、有院、有房的宅院，还可以知道这个宅院是一个有堂、有室的多空间复合体。历代学者为了更直观地理解《仪礼》这部经典，都试图复原出它所记述的宅院和堂室。如今出土的扶风周原周代建筑遗址使我们获得了比前人更丰富的第一手资料，虽然这一建筑遗址的年代比《仪礼》成书的年代可能要早很多。如果我们将文本所反映的空间观念与考古发现所揭示的结构状况结合在一起，或许可以设想出更接近周代原貌的建筑空间。

在扶风周原周代建筑遗址中，F3 正面六间七柱，总面阔柱中到柱中 21.6m，侧面五间六柱，总进深柱中到柱中 13m，面积 281m^2。正面中间两间最宽，面阔达 5.6m。无论从建筑面积还是从面阔看，F3 都是扶风周原周代建筑遗址中已发现的最大建筑基址[3]。由于 F3 的面阔和进深都比较大，因此它就有可能具有比较多的空间划分，成为一个大小空间复合、功能相对复杂的建筑单体。

3 傅熹年，《陕西扶风召陈西周建筑遗址初探》，《文物》，1981 年第 3 期。

在 F3 的台基上有东西两堵横隔墙遗迹，它们把台基分为左、中、右三个部分，中间部分最大。考古学家普遍认为这两堵墙就是古籍所记载的堂室左右两边的“序”[4]，这样在基址的两端就由序隔出另外两间（或组）房间。按照这一思路进一步分析，东部檐柱间如果有墙，也许就是《仪礼•士丧礼》中所说的“东壁”。当君前来视敛时，众主人从阼阶下的位置“辟于东壁，南面”，也就是他们要拐到建筑的东侧，回避开国君。东西两组房间的南北两端还可以各隔出南北两个小室。《仪礼•士丧礼》记述小敛奠移尸于堂之后，主人要“袭绖于序东”，也就是到“序东”穿衣服，然后再在阼阶下即位。“序东”应该是一间可以存放衣物的小房间，而且靠近阼阶。所以，基址平面上东南角如果有房间，就可能是这个“序东”。

4 陕西周原考古队，《扶风召陈西周建筑群基址发掘简报》，《文物》，1981 年第 3 期；杨鸿勋，《西周岐邑建筑遗址初步考察》，《文物》，1981 年第 3 期；尹盛平，《周原西周宫室制度初探》，《文物》，1981 年第 9 期。

图 2 陕西扶风县召陈西周中期宫殿遗址 F3 复原设想图

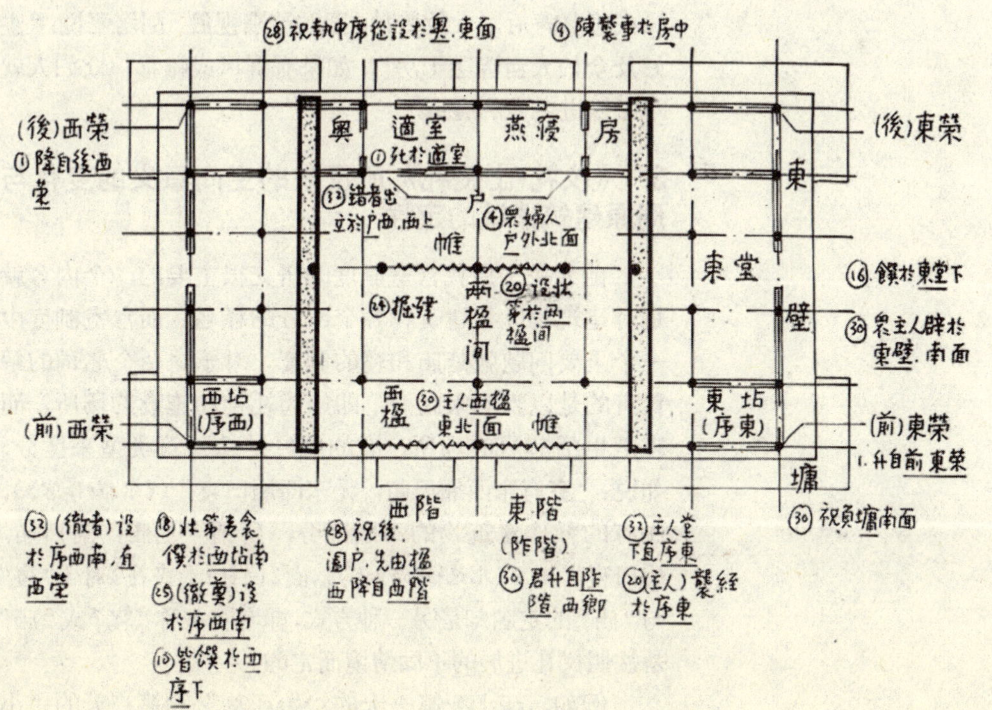

如果F3基址果真是一座大型住宅，我们还可以按照“前堂后室”或“前庙后寝”的古代宫室制度把它的中间部分设想为南堂和北室两部分。而在周代宫室制度中“寝”又可分为“燕寝”和“正寝”两种。郑玄说：“適室，正寝之室也，疾者斋，故于正寝焉。”胡培翚说：“自天子至士，皆有正寝燕寝，燕寝，常居之所，正寝，唯斋及疾乃居之。”F3的北室部分可以按柱网分为东西两部分，按照本文前面所分析的周代建筑空间的东西之分，东部属阳，属人，所以可能就是主人的“常居之所”燕寝；西部属阴，属神，可能就是主人斋戒养病的“正寝”。这样正寝的西端就有可能是大敛时摆神主、设奠席的“奥”，而燕寝的东端则是始死奠时陈放袭事（衣物）的“房”。

《仪礼•士丧礼》中还有一处细节需要对照F3遗址平面才可以比较清楚地理解。在始死奠时，《仪礼•士丧礼》规定：“亲者在室，众妇人户外北面，众兄弟堂下北面。”也就是说，在室与堂下之间还有一处空间被称作“户外”，“户”在《仪礼•士丧礼》中是指门，所以“户外”并不指庭院，而此处又不应是堂，否则此处《仪礼•士丧礼》会像其他段落一样直言“堂上”。因此，所谓“户外”就应是堂与室之间的过渡空间，即在F3平面上中心柱列以北，“北室”空间以南的一个柱间。在这个柱间与堂之间可能有屏风或帷幕，“众妇人户外北面”也就是站在堂上的屏风或帷幕背后。大敛奠时，国君前来视敛，胡培翚说：“主妇及众妇人当皆避于房”，如果有屏风或帷幕，众妇人就不必躲进主人的寝室。

5.《仪礼•士丧礼》所反映的空间意义的变化与周原建筑遗址的定性

前人关于周代宫室制度的研究很主要的一个内容就是对建筑物以及建筑物各个部分的释名。而宫室制度中一个重要问题就是庙和寝的制度。对于这两个名词的解释有的是以功能来区分，即庙为礼神和施政的场所，而寝是生活起居的场所；有的解释是按建筑类型来区分，如说：“室有东西厢曰庙，无东西厢曰寝”（《尔雅•释宫》），还有的释作建筑物的不同部分，所谓“凡庙，前曰庙，后曰寝”（郑玄《礼记•月令》注）。而《仪礼•士丧礼》对于“寝”与“庙”的定名却是另一种方式，即宅院被称“寝”或“庙”是按照仪礼进展的不同情境而定的。

例如，在士死第一天的“始死奠”和第二天的“小敛奠”，宅院门被称为“寝门”，分别有“主人迎（吊者）于寝门外”、“陈一鼎于寝门外”的规定。而在第三天的“大敛奠”时，该宅又被称为“庙”，有“巫止于庙门”、“君出门，庙中哭”的规定。在视椁、朝祖庙之前的启殡及之后的还柩时，建筑又被称为“殡宫”，有“献材于殡门外”、“二烛俟于殡门外”和“遂适殡宫，皆如启位”的规定。

郑玄解释从“寝”到“庙”的变化时说：“凡宫有鬼神曰庙”，但是这一解释却不能说明同样有“鬼神”而又称为“寝”和“殡宫”的原因。所谓“殡”按照郑玄自己的解释是“棺在肂中敛尸焉”。可见，住宅被称为“寝”或“殡宫”取决于丧礼进行的阶段，即入殡之前为寝，入殡之后为殡宫。因为入殡之前，死者虽然已经过“袭”、“饭”、“小敛”、“大敛”等礼仪过程，但他的身体依然可见，如同死者生前，所以他的家依其生前，仍旧称为“寝”。而入殡之后，尸体已入棺中，并暂埋在堂上，完全脱离了他生前的状态，此时建筑空间也不再按照其生时状态命名，被称为“殡宫”，也即入于棺者之宫室。

以入殡与否来区分建筑空间的意义似乎并不能解释为什么同样的宅院又被称为“庙”，因为庙的名称既始于入殡前，又延续到入殡后。回答这个问题的关键是君王的视敛。建筑被称为“庙”最初是在君王初到时，“巫止于庙门外”。其后，“君出门，庙中哭”也与君王有关。君王来后他就成为了整个祭奠仪式的主持人。在此之前，除了给死者设奠的奠人才可以走堂东侧主人专用的“阼阶”，而即使是死者的儿子这位家庭的新主人，也“未忍在主人位”（郑玄语）而必须走客人用的西阶。君王来后却可以直接“升自阼阶”，并在堂上指使公卿大夫和新主人，君王是以其无上的政治地位主宰了士的家庭空间，因而当他来后，建筑中原来起主导地位的亲情就让位于君臣间的政治关系，所以“庙”在这里就是“庙堂”的象征。“前庙后寝”从以寝代表整个建筑转向用庙代表，表明原来空间的亲情性和生活性转变成仪礼性和政治性。

这一认识给我们一个启示，即周代宫室的命名并不是唯一的和固定的，它会根据建筑使用过程所处的情境发生变化。因此，对于扶风周原周代建筑遗址的定名，我们不必去引经据典地考证，它们既可能是宗庙，也可能是寝庙，完全随当时人们的使用而定。

（本研究得到巫鸿教授的指导，特此感谢）

2

雅典卫城山门朝向的历史演变及其意义

雅典娜像

话说宙斯看上了欧凯阿诺士与泰杜丝的女儿美谛斯。美谛斯是个精灵，但在精灵之中，美谛斯却是个智慧而娴淑的女性。宙斯为证明他对她的爱是永恒的，便开始吞噬她。过了没多久，他的头痛起来，好像要裂开似的。宙斯无法忍受这痛苦，只好采取非常手段。他召来了伟大的铁匠哈派斯特，请哈派斯特用铁锤把他的头骨敲开。这对铁匠之神来说，当然不是什么大事。他用他的打铁用具，猛力一击，在宙斯的额上开了个洞。一个手持长矛、戴着头盔、年轻貌美的武装女郎，便从这个创口出现了。美丽的雅典娜于焉诞生。

这就是她之所以为宙斯与美谛斯二人的女儿之故；另一方面，也因此才能在降生之际即禀赋了一方的德操与另一方的权力。她集力气与智慧、思虑与正义于一身。她也被看成是艺术的保护者，文字与绘画的创始者。

——希腊神话

雅典是古希腊的政治和文化中心。它得名于雅典娜（Athena）这位希腊神话和传说中的战神与智慧女神。在传说中，雅典娜曾经和众神一起战胜了冒犯奥林匹斯山的巨人，她还启示希腊人制造了木马，从而攻克了特洛伊城。雅典人把雅典娜当作自己的保护神，雅典卫城（Acropolis）就是他们祀奉雅典娜的圣地。

原载《建筑师》第95期，2000年。

卫城位于雅典城中心偏南的一座小山顶上。小山高出平地约70~80m，是全雅典城的最高点。卫城地势西低东高，东西方向长约 280m，南北方向宽约 130m。卫城上现存的建筑残迹大多始建于公元前 5 世纪的希（腊）波（斯）战争之后。其中最主要，也是最显著的建筑是位于卫城南部的帕提农神殿（Parthenon）。神殿建于公元前 447 年～前 432 年，用于供奉雅典娜神。在卫城的北侧还有一座伊瑞克提翁殿（Erechtheion），它建于公元前 421 年～前 405 年，用于供奉传说中雅典人的始祖伊瑞克提斯（Erechtheus）。卫城的西端是山门（Propylaia），建于公元前 437 年～前 432 年。山门西南侧还有一块突出于山体的石台，被称作“堡台”（bastion）。它的出现可以上溯至公元前 13 世纪以前的迈锡尼（Mycenaea）时代。公元前 449 年～前 425 年前后，在它的上面建造了胜利女神殿（Temple of Athena Nike）。除了这些尚保留着残垣断柱的建筑遗迹外，卫城上还有一些仅存基础的建筑遗址，如帕提农神殿与伊瑞克提翁殿之间的旧雅典娜神殿（Old Temple of Athena）址，旧殿东部的雅典娜祭坛址，以及西部的雅典娜立像址 [图 1(a)、图 1(b)]。

说起雅典卫城上这些建筑物的布局，一个引人注意的现象是，山门的中轴线并不与卫城的中心建筑物帕提

图 1(a) 雅典卫城鸟瞰

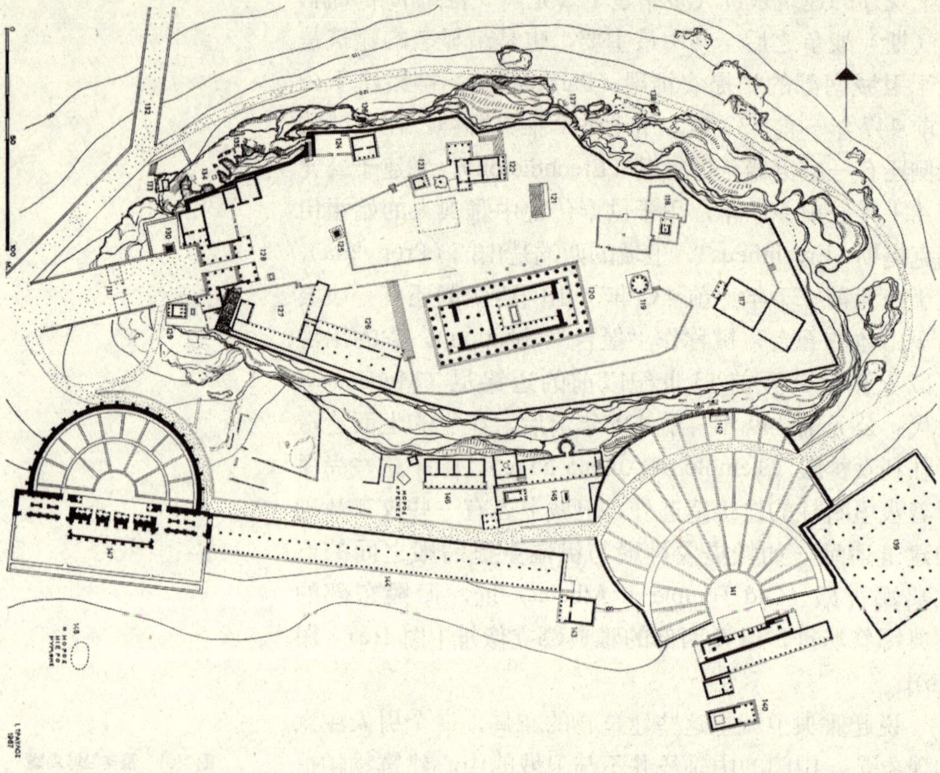

图 1(b) 雅典卫城总平面图

资料来源：John Travlos, *Pictorial Dictionary of Ancient Athens*, Praeger Publishers, New York, 1971, p.59.

农神殿的轴线相重合。也就是说，山门在设计时并未考虑将人们的视线直引至这座最重要的建筑物。不仅如此，根据考古发掘和历史研究，卫城在已知的历次整修过程中，无论是从早期的迈锡尼时代还是到后来全盛的伯里克利（Perikles）时代，都没有把一座建筑物当作入口的对景。这一现象对于熟悉古典建筑以轴线为构图基本法则的人们来说颇为费解，以至于著名的希腊城市建筑史家 C.A. 道克西阿迪斯（C.A.Doxiadis）认为，古希腊纪念性建筑群的布局是在建筑的现场根据具体的景观环境和视觉效果安排的，而不是在画图板上设计出来的，它们因此并不遵循轴线构图的原则[1]（图 2）。

然而，尽管道克西阿迪斯在他的著作中列举了大量遗址测绘图和测量数据来证明他的观点，但我始终难以相信，在建筑设计和室内设计中能够熟练运用轴线和对称构图原理的希腊人，在建筑的群体规划上会如此轻易地抛弃它。在本文中我就以雅典卫城的入口方向问题作为研究对象，考查轴线构图原理在这个建筑群体规划中是如何体现的；它所具有的特殊的政治和宗教意义又是怎样的。为了这一目的，我将把山门及其西南侧的堡台、

1 C.A. Doxiadis, *Architectural Space in Ancient Greece*, 德文版，1937 年；英文版 Cambridge,1972.

堡台上的建筑，以及山门与堡台之间的空间当作一个整体，并结合历史著作所记载的与考古发现所揭示的发生在卫城的祭祀活动，进而复原山门在各个历史阶段所具有的实际功能和象征意义。

本文对卫城山门历史面貌的描述将以美国国家考古学院（Archaeological Institute of America）1993 年考古报告系列之一《米奈西克利斯之前的雅典卫城山门》[2] 作为根据。因为这份报告不仅是关于卫城入口历史状况的最新调查，而且它还修正了先前以著名考古学家小 W.B. 丁斯莫尔（W.B.Dinsmoor, Jr.）的观点为代表的一些旧的复原假说[3]。

在历史上，雅典卫城最初是迈锡尼王朝的一处宫殿所在地。考古发现表明，宫殿的建筑群建于卫城的小山顶，就处在后来的帕提农神殿和伊瑞克提翁殿之间的平地上。建筑群包括有国王的住所、议政场所和祭坛[4]。尽管卫城最初的入口早已荡然无存，但研究普遍认为，它应在卫城的西端，因为这边山坡较缓，是唯一可以修路通达山顶的地方。公元前 13 世纪下叶，雅典遭到了南下的陶利安人（Dorian）的威胁，并由此导致了迈锡尼王朝的灭亡。雅典卫城防御性的城墙被认为就是在这一时期构筑的。为了提高卫城西端缓坡的防御能力，在西坡的山脚下还加筑了一道连贯南北两陡坡的城墙。与

2 Harrison Eiteljorg, II , *The Entrance to the Athenian Acropolis before Mnesicles*, Archaeological Institute of America, Monographs New Series,Number 1, Boston, MA,1993.

3 W.B.Dinsmoor, Jr., *The Propylaia to the Athenian Acropolis*, Princeton, 1980.

4 J.Travlos, *Pictorial Dictionary of Ancient Athens*, New York,1971,p.52.

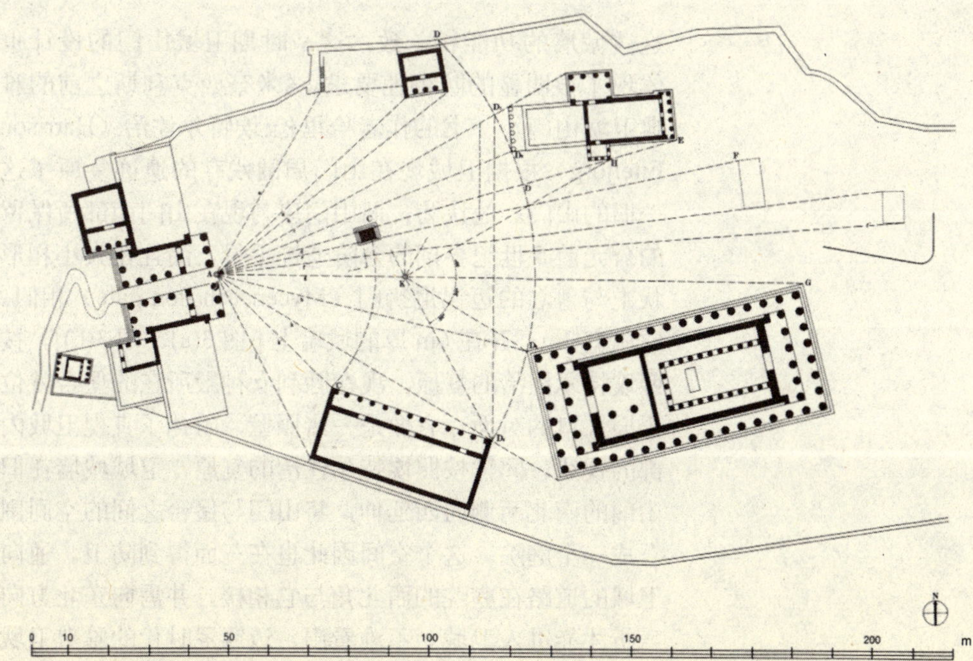

图 2 道克西阿迪斯对雅典卫城建筑群规划原理的分析图

资料来源：C. A. Doxiadis, *Architectural Space in Ancient Greece*, The MIT Press, Cambridge, 1972. p.37.

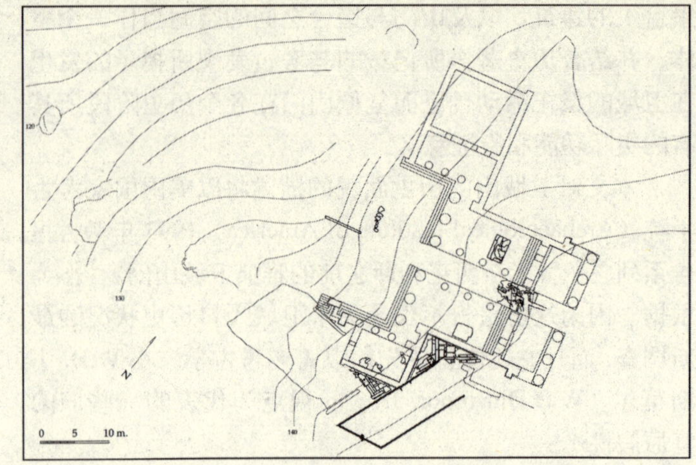

图 3(a) 雅典卫城山门平面图及其周围残存的部分建筑遗迹。这些遗迹是考古学家们研究卫城山门历史演变的依据

资料来源：Harrison Eiteljorg, Ⅱ , *The Entrance to the Athenian Acropolis Before Mnesicles*, Kendall/Hunt Publishing Company, Dubuque, 1995,p.109.

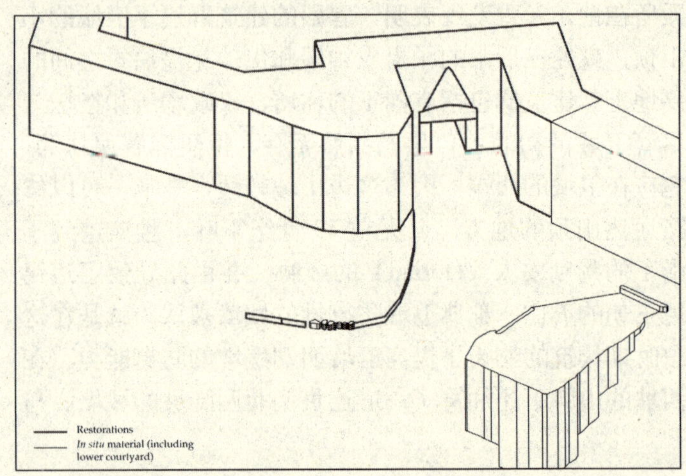

图 3(b) 埃特尔佐治所做迈锡尼时代雅典卫城山门的复原图

资料来源：Harrison Eiteljorg, Ⅱ , *The Entrance to the Athenian Acropolis Before Mnesicles*, Kendall/Hunt Publishing Company, Dubuque, 1995,p.14.

这些城墙的功能相一致，这一时期卫城山门的设计也体现了很明显的防御性要求。《米奈西克利斯之前的雅典卫城山门》一书的作者哈里松•埃特尔佐治（Harrison Eiteljorg）根据卫城现在山门周围残存的遗迹复原了这一旧的山门。他认为，旧山门应与现在山门南部所保留的公元前 5 世纪早期的台阶遗迹平行，而且在大小和形状上与著名的迈锡尼狮门（Mycenaean lion gate）相似。它应宽 3m，开在 6m 厚的城墙上 [图 3(a)、图 3(b)]。按照埃特尔佐治的复原，现在胜利女神殿所在的堡台就位于旧入口的对面，它像是一堵照壁，阻挡了直视卫城内部的视线。同样按照埃特尔佐治的复原，卫城城墙在旧山门的南北两侧向西延伸，将山门与堡台之间的空间围合成一个庭院。这个空间因此也在三面得到防卫。通向卫城的道路在庭院的西北角与它相接，并需向东北方向弯折才能进入卫城。不难看出，迈锡尼时代的雅典卫城山门空间是以防御性作为其规划设计的目标的。

由于史料的缺乏，我们不得而知在公元前12世纪~前8世纪这段希腊历史的“荷马时代”雅典卫城建筑群的详细情况。目前，考古学家们根据《荷马史诗》的记载和考古发掘所获得的零散材料判定，在这一时期，希腊人开始在卫城上兴建了雅典娜神殿，地点就在原迈锡尼王朝的宫殿基址上。它的建造表明，雅典卫城的功能已经发生了转变，原来的王宫禁地变成为供奉神祇的圣地和公众献祀的场所。现在位于帕提农神殿和伊瑞克提翁殿之间仅存基址的旧雅典娜神殿建于公元前529年~前520年，它取代了另一座建于公元前7世纪末或公元前6世纪初的更早的神殿。根据现存的实物材料可以知道，旧雅典娜神殿东侧山花（Pediment）上的雕刻所表现的主题是众神与巨人的战斗[5]，这一主题与学者们认为的早期雅典娜祭祀是纪念她在与巨人的战斗中所取得的胜利这一看法相一致。[6]

5 同4，p.143.

6 Jenifer Neils, *Goddess and Polis. the Panathenaic Festivalin Ancient Athens*, Princeton, 1992, p.135.

古希腊人对于雅典娜的崇拜在公元前566年达到顶峰。从这一年开始，全希腊每四年都要举行一次盛大的国家庆典：泛雅典娜大祭节（Great Panathenaia）。这个节日是希腊的文化和体育盛会。从雅典城邦各地赶来的各阶层人士举行的大游行把节日推向高潮。游行群众行进到卫城的雅典娜神殿，为木制的女神像更换精心织就的外衣（Peplos）。他们还要在神殿东端的祭坛处献上百牛牺牲，并由获胜的火炬手点燃祭牲的大火。献给雅典娜的新外衣要悬挂在一条大船的桅杆上，由游行的队伍护送，沿着节日特定的路线送抵卫城。

卫城从宫殿到神殿的转变导致了人们对建筑空间使用方式的改变。与此相一致的是卫城山门前空间形态所出现的一些变化。首先是通往卫城的道路被拓宽了。在现在卫城山门前的道路正中还保留着一条公元前6世纪中叶的道路护沿。它表明当时通往卫城的道路已宽达10m，显然有利于游行队伍经过通行。从此雅典卫城山门空间的防御性让位给了便捷性。

卫城山门前空间的另一个大的变化是迈锡尼堡台上出现了祭坛。在20世纪20～30年代对胜利女神殿的重修过程中，考古学家在它的基础下面发现了四处祭坛遗址。根据其中出土的材料，如陶制俑人和石刻，考古学家判断，最早的祭坛建于公元前7世纪，与早期旧雅典娜神殿的建造时间非常接近；另外几个祭坛分别建于公元前566年，也就是泛雅典娜大祭节开始的那一年，以及公元前490年～前480年的两次希波战争之间。如果公元前6世纪以前的雅典卫城山门真如埃特尔佐治所认为的那样，是平行于现状西南角的一处公元前5世纪的台阶残迹的话，那么这时卫城山门空间最令人注意的现象就是旧山门正对堡台和堡台上面的祭坛，并与最早的祭坛形成近乎轴线相对的关系（图4、图5）。这样我们不仅有理由认为堡台上的祭祀活动是整个泛雅典娜大祭节全过程中的一个重要组成部分，而且有理由相信，卫城山门、山门前的广场以及堡台曾经是这个祭祀活动的一个空间整体。由于迈锡尼堡台是卫城西坡上高出山体6~7m的一座高台，因此，在它上面所举行的祭祀仪式很难被上山的坡道之上除山门前广场以外的任何其他位置所看到。换言之，也就是只有山门前的广场才是公众可以观看到祭祀活动的最佳位置。这个广场大约有450m^2，可以容纳1800~2700人。在这里，聚集的人群可以从最近的距离清楚地看到与他们的立足点高度相近的堡台上所进行的祭祀活动。由此可见，此时卫城山门前的广场不仅仅是一个来往上下的通道，它本身也具有了重要的宗教功能。它服务于聚集的人群，为他们参与堡台上的祭祀活动提供了可能。在这个广场上，山门的入口位置最高。又由于早期的祭坛就设在它正前方的堡台上，所以从这里观看祭祀的视角也最正。

事实上，此后对卫城山门广场的历次修复和整修都是以公众的集合而不是以军事的防御作为最主要的功能来考虑的。在公元前490年的马拉松战役中，雅典人联合普拉提亚人（Plataea）大败波斯侵略军。为了庆祝这一胜利，并表达对保护神雅典娜的感激以及对阵亡将士的纪念，雅典人开始在卫城的南部修建帕提农神殿和卫城入口处的新山门。埃特尔佐治在对现存山门周围的遗迹进行发掘和分析后认为，这一时期的卫城山门经历了如下整修：①沿堡台东部的迈锡尼时代的城墙脚下开凿并建造了台阶形的长条座台；②将修帕提农神殿时从其他旧的神殿上拆下的排挡间饰（metope）镶置在广场周边的墙上作为护壁；③在广场紧靠山门台阶的墙角处放置了一个三足形器物的基座；④建造了山门前的台阶；⑤在广场通向胜利女神祭台处修造了一个入口[7]（图6）。很显然，这些整修都有利于人们在这一广场的逗留。

可是，新的工程还没有完工，在公元前480年，波

7 同2，pp.59~63.

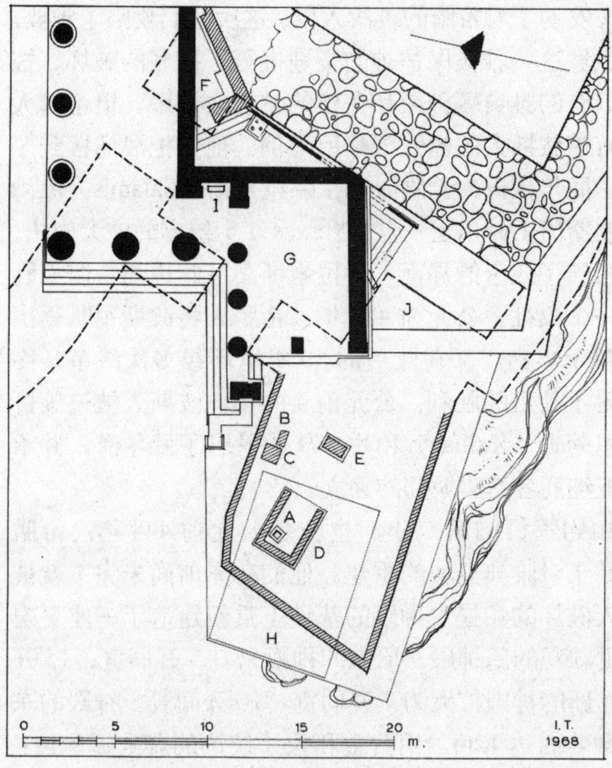

图 4 考古学家在迈锡尼堡台上发掘出的几处祭坛遗址。其中 A 的年代推断为公元前 7 世纪，B 的年代为公元前 560 年，E、D 的年代为公元前 490 年～前 480 年。图中 H 为现存的胜利女神殿。虚线部分是对于迈锡时代雅典卫城山门平面的一种推想

资料来源：同图 1(b)，p.150.

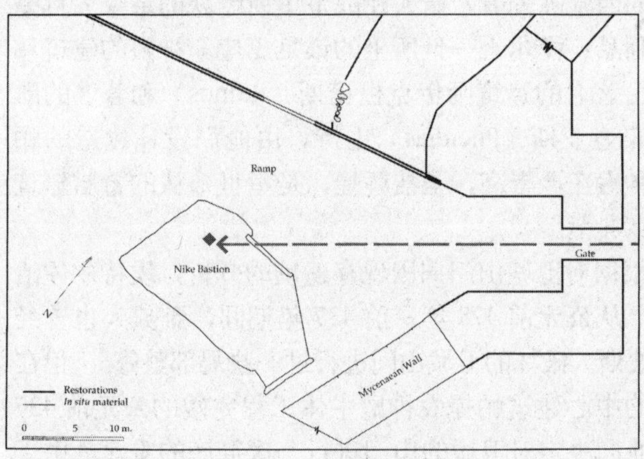

图 5 根据埃特尔佐治所做的公元前 560 年～前 489 年的雅典卫城山门复原，结合考古学家在迈锡尼堡台上发现的一处公元前 7 世纪祭坛遗址，我们可以看出二者所具有的视觉关联

资料来源：同图 1(b), p.150.

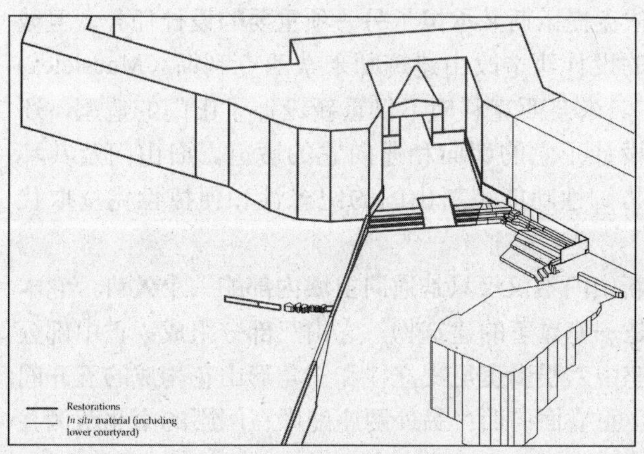

图 6 埃特尔佐治根据现在雅典卫城山门周围残存的建筑遗迹所做的公元前 489 年～前 480 年间山门空间形态的复原

资料来源：Harrison Eiteljorg, Ⅱ，*The Entrance to the Athenian Acropolis Before Mnesicles*, Kendall/Hunt Publishing Company, Dubuque, 1995, p.140.

斯人又发动了对希腊的再次入侵。这次他们攻陷了雅典，并对卫城这一雅典保护神的圣地进行了彻底的破坏，摧毁了旧有的雅典娜神殿和在建的帕提农神殿。但希腊人并没有被波斯人的嚣张气焰所吓倒。他们把战场移到了海上。同年秋天，希腊海军在萨拉米斯（Salamis）海湾大败波斯国王泽尔士一世（Xerxes Ⅰ）统率的庞大舰队，从而扭转了战争的局面。萨拉米斯岛从此成为希腊人胜利的一个象征。公元前479年，希腊人将波斯军队逐出了巴尔干半岛，又在此后的30年里历经多次战争，终于获得了最后的胜利。公元前449年，波斯人被迫签订了卡里阿斯（Kallias）和约，从此退出了爱琴海，并承认小亚细亚各希腊城邦的独立。

和约签订的第二年，也就是公元前448年，希腊人开始了对雅典卫城的重建。他们在先前尚未完工就被波斯人破坏的帕提农神殿的基址上重新建造了一座更宏伟、更壮观的新神殿。原来的神殿只有5开间宽、15开间长，新的神殿扩大为7开间宽、16开间长。神殿的东堂供奉着高达12m，用黄金和象牙装饰的雅典娜雕像；神殿的西堂陈列着希腊人在战争中所缴获的最令人自豪的战利品：泽尔士一世所坐的银足王座。神殿的建筑和雕刻由著名的建筑师伊克提诺斯（Iktinos）和著名的雕刻家菲迪亚斯（Pheidias）主持。由他们设计建造的帕提农神殿庄严崇高，圣洁辉煌，是举世公认的希腊建筑的最高典范。

根据对卫城山门周围现存遗址的分析，埃特尔佐治认为，从公元前478年～前437年期间，雅典人也曾经对被波斯人破坏的卫城山门进行过一些局部整修[8]；但在卫城的中心建筑帕提农神殿主体工程完竣的公元前437年，他们决定对卫城的山门进行一次彻底的重建。由于此时依克提诺斯又承担了另一项重要的设计任务，卫城山门的设计建造改由建筑师米奈西克利斯（Mnesicles）负责[9]。米奈西克利斯不仅重新设计了山门的造型，还重新设计了它的朝向和通向它的坡道。旧山门及其环境的防御性功能被新山门的纪念性和便捷性完全取代（图7）。

新山门不仅仅只是通向卫城内部的一个入口，它本身也是一座显著的建筑物。它由三部分组成：正中部分是一座由六根爱奥尼式立柱和三角形山花构成的五开间门殿，正立面向西；另外两座配殿在门殿的南北两侧并

8 同2，pp.67~76.

9 Rhys Carpenter, *The Architects of the Parthenon, Harmondsworth*, 1970, p.136.

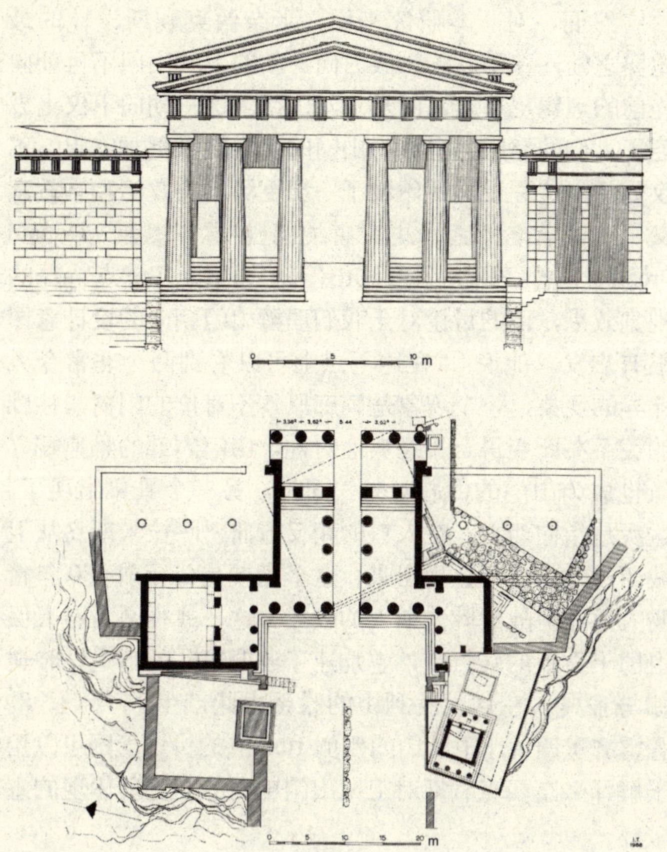

图 7 米奈西克利斯所做的雅典卫城山门设计（公元前 437 年）

资料来源：同图 1(b)，p.487.

向西延伸，将山门前的广场稍加围合。北侧的配殿较大，是一个画廊，也可以兼作到卫城朝圣的香客们的休息室[10]。它的立面上有三根陶立克式立柱，但值得注意的是柱廊的开间与柱廊后的墙面门窗洞口并不对位。南侧的配殿东接迈锡尼堡台，仅为一座敞廊，但它的立柱外表与北部画廊相对应，使得山门具有对称的立面效果。三栋建筑由连贯的三级台阶相连，它们将广场和建筑的地平分成上下两个层级。门殿的中部偏东又有四级台阶，再将门殿分为上下两级，门洞开在上级。门殿因而被分成西低东高的两个门廊，东门廊进深稍窄，不足 6m；西门廊较宽，深近 14m。两个门廊具有强烈的光影效果，有助于加强山门在视觉上的重要性。同时，它们又是观景的亭台，使得人们可以站在门廊内向外眺望。由于西门廊比东门廊宽，它可以容纳更多的观众，因此它的重要性明显高于东门廊，也就是说向西——卫城外——的观看要比向东——卫城内——更重要。与此同时，通向卫城的坡道也由 10m 拓宽到 20m。原来的山路此时已成为一条大道。

10 同 2，p.482.

然而，对于本研究来说，米奈西克利斯设计的最重要之处还在于它的轴线方向。新的卫城山门不再朝向先前的迈锡尼堡台，而是直对山路。这一朝向不仅更方便了人们的登临，也使得山门的视觉效果更加突出。不仅如此，这一设计还体现了一层更深刻的政治和宗教意义。美国著名的艺术史家唐纳德•普雷齐奥西（Donald Preziosi）曾经研究了卫城山门轴线西端10m点特殊的视觉效果，他的讨论对于我们理解山门朝向的设计意图很有启发。他说："在这一点上可以看到两个非常令人诧异的现象，一个现象是画廊原本不对位的门窗与柱廊的关系在此变得合乎经典地对称，山门内部的雅典娜立像也成为山门的中心对景。同时，另一个景象出现了，这次是指向西方。在入口的相反方向，萨拉米斯岛从卫城西边的山峦后显现出来，这个岛就是公元前480年希腊人通过海战战胜波斯人的战场。这一战役是希腊人保卫国土之战的转折点，它加速了波斯军队的溃退。雅典娜与雅典人在这次胜利中的联系由此产生。"[11]（图8）普雷齐奥西关于卫城山门西侧10m点的讨论无疑可以用于解释米奈西克利斯对卫城山门朝向的变更所体现的意

11 Donald Preziosi, *Rethinking Art History, Meditations on a Coy Science*, New Heaven,1989, p.175.

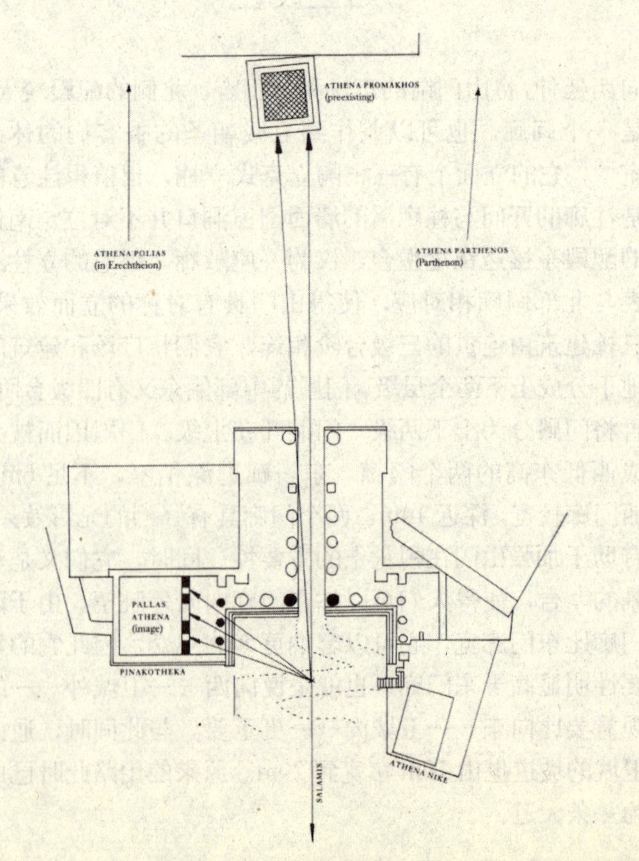

图8 普雷齐奥西关于雅典卫城山门轴线及其西侧10m点视觉意义的分析图

资料来源：Donald Preziosi, *Rethinking Art History, Meditations on a Coy Science*, Yale University Press, New Haven, 1989, p.176.

义，这就是卫城建筑群已不再被用来表达先前神话传说中雅典娜战胜巨人的主题。相反，它们与雅典人的政治现实联系起来，表现了他们在抗击波斯的战争中所取得的伟大胜利。

新的主题同样也表现在迈锡尼堡台上新建的胜利女神殿上。新殿建于公元前 449 年，大约比山门略晚几年，在公元前 4 世纪 20 年代中期建成。它的排挡间饰雕刻着众神聚会的盛况以及希腊人对波斯人战斗的场面。

但是普雷齐奥西忽视了一个规划细节，那就是雅典卫城内的雅典娜立像事实上并不在山门轴线的正前方，她略向北偏，人们的视线因而被引向她身后的两处废墟：旧的雅典娜神殿和神殿东端的雅典娜祭坛。要理解这一设计的意图，我们必须了解希腊人对待废墟的态度。卫城的建筑群在波斯人入侵时遭到了彻底的破坏，为了牢记这一耻辱，公元前 479 年，希腊人曾经在普拉提亚（Plataia）战场上发誓："我将不再重建被野蛮人焚毁和破坏的神殿，但我将把它们保留下去，让后人永远记住野蛮人对于神明的亵渎。"[12] 现在，在人们进入卫城的山门时，首先映入他们眼帘的就是这片被"野蛮人"破坏的神殿废墟。它不仅使人们联想到"野蛮人"的凶残，也使人回忆起卫城沦陷时的悲痛。而废墟南侧新建的帕提农神殿又唤起了人们对于雅典娜这位城市的保护神的敬仰和对于城邦重新崛起的自豪。当废墟加入到了胜利的主题后，它表达出了一种极为深沉的历史记忆，同时也烘托了胜利的来之不易（图 9、图 10）。

12 R. E. Wycherley, *The Stones of Athens*, Princeton, 1978, p.106.

结语

在雅典卫城的历史发展过程中，山门的建筑形态和建筑空间的意义经历了几次大的转变。在迈锡尼时代，山门是卫城的入口，它与西南侧的堡台构成了一个相互联系的防御整体。为了提高防御性，山门轴线并不正对卫城内部的宫殿建筑，山门本身也被堡台所屏护。从荷马时代起，卫城从宫殿禁地转变为祭祀城邦保护神雅典娜的圣地，并在公元前 566 年以后成为泛雅典娜大祭节的重要仪典场所。伴随着功能的转变，卫城山门前的空间形态也发生了相应的变化：山路拓宽，堡台上修建了祭台，门前的广场也得到了装修。这些变化说明，卫城山门前的建筑空间变成了一个宗教场所，它使人们可以聚集在此观看堡台上的祭祀活动。由于公元前 5 世纪前的雅典卫城建筑群是长期的历史积累的结果，它们在整体构图上缺少统一的联系，因而不能用古典建筑的轴线原理进行分析，只有堡台上的祭坛与埃特尔佐治所复原的早期卫城山门呈现出局部的轴线对应关系。米奈西克利斯对卫城山门朝向的调整是对整个卫城建筑群构图的集中整合，从而使它获得了统一的主题。这一主题不再是神话传说中雅典娜对巨人的胜利，而是现实中雅典人对于波斯人的胜利。山门的轴线向东指向被波斯人破坏的旧雅典娜神殿和祭坛，向西指向希腊人胜利的转折点——萨拉米斯海战的战场萨拉米斯岛。在新建筑的规划和设计中，轴线构图所呈现的视觉效果被赋予了深刻的政治和宗教意义，它象征着雅典人对于卫城的曾经沦陷所怀有的苦痛，也象征着他们对于最终的胜利所怀有的自豪。轴线原则不仅在卫城的规划设计上起到了控制和统领构图的作用，而且，它还使卫城与更深的宗教政治文化以及更广的地域景观联系在一起（图 11）。

图 9　沿雅典卫城山门轴线向东所能见到的建筑遗址：被波斯人破坏的旧雅典娜神殿（D）和雅典娜祭坛（C）

图 10　道克西阿迪斯所做公元前 5 世纪雅典卫城山门轴线东端视觉景象的复原图

资料来源：C.A.Doxiadis, *Architectural Space in Ancient Greece*, The MIT Press, Cambridge,1972, p.35.

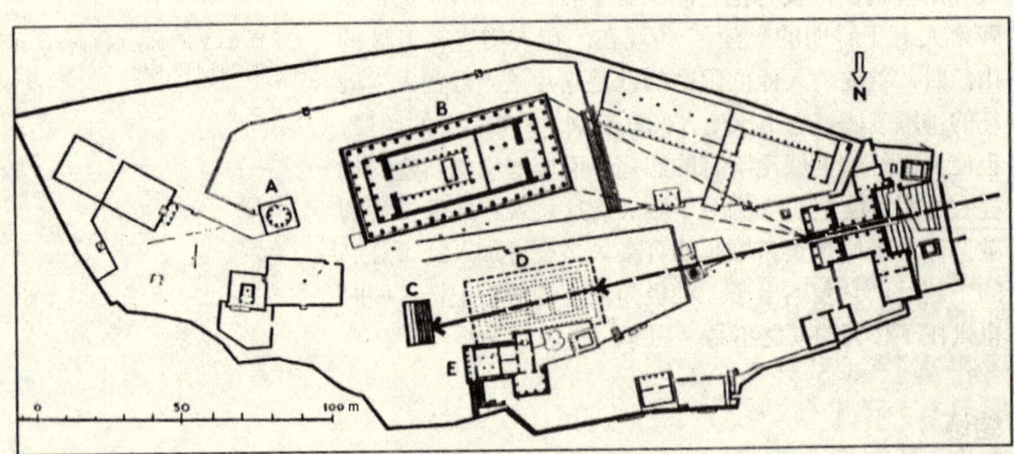

附记

细心的读者可能会注意到，对于雅典卫城建筑历史演变的研究完全依赖于考古学家对于建筑遗址的细致调查以及对每一块建筑构件残块的位置和年代的周密考证和复原。可以说建筑考古是建筑历史研究的重要基础。即便这样，许多学者仍然对于19世纪卫城的考古发掘抱有遗憾，因为当时过急的清理工作消除了可能尚存的"荷马时代"的一些遗迹，使得后来对这一时期卫城建筑情形的研究十分困难，甚至没有可能。今天，中国的建筑考古和文物建筑保护正逐渐受到重视。西方学者对于雅典卫城的考古调查和遗迹保护，以及这些工作为历史研究提供的可能性值得我们借鉴。

（本研究得到 Gloria Pinney 教授的指导，特此感谢）

图 11 沿雅典卫城山门轴线西望景象

资料来源：同图 1(b)，p.489.

二、技术与艺术

3 从马王堆3号和1号墓看西汉初期墓葬设计的用尺问题

4 富勒与设计科学

3

从马王堆3号和1号墓看西汉初期墓葬设计的用尺问题

马王堆墓是西汉时期长沙国丞相、后被汉王朝封为轪侯的利苍的家族墓。其中3号墓年代最早，为公元前168年，墓主人或为利苍之子，第二代轪侯利豨或利豨的兄弟；2号墓年代稍后，为公元前165年左右，墓主人是利苍本人；1号墓年代最晚，为公元前160年左右，墓主人是利苍的夫人辛追。三座墓葬于1971~1974年被发现并经考古发掘，是20世纪中国重大考古发现之一，对于研究西汉时期的文明具有重大意义。3号墓和1号墓的棺椁结构保存完好，也为研究西汉时期木结构的营造问题提供了十分宝贵的材料。

马王堆3号墓和1号墓棺椁的一个显著而共同的特点是套棺之间以及最外层棺与椁室空间之间的精确吻合，由此可知棺和椁的设计必然是一个整体。这种设计是如何操作的呢？（图1、图2）

由于出土报告提供的数据是现代的公制尺寸，要了解它们与棺椁设计和制作的原初关系首先就必须将它们换算为当时当地的尺寸。然而，由于中国在20世纪之前并无严格统一的度量衡，现存汉尺实物的长度也各不相同[1]，要了解马王堆墓棺椁设计时所用的汉尺，我们只能依靠这些棺椁自身提供的数据设法进行复原。复原的汉尺应该满足两个假设条件：条件一，它的长度必须在目前已知的汉尺长度范围之内，即1汉尺=0.22~0.24m；条件二，这个长度对于一套棺椁的设计和制作应具有操作上的方便性，即以它度量一套棺椁实物所获得的数据大多应为整数或接近整数。通过检验考古报告提供的数据，可以发现对于3号墓和1号墓的

1 丘光明，《中国历代度量衡考》，北京：科学出版社，1992年。

原载《湖南省博物馆馆刊》第一期，2004年。

内外棺和椁室，能够满足上述两个条件的汉尺长分别为0.235m和0.23m。以所得汉尺长度换算，马王堆3号墓和1号墓棺椁的汉代尺寸应如表1和表2所示。

两座墓的设计分别采用0.235m和0.23m的尺长或许是因为两座墓建造的时间不同所致，也可能与工匠、墓主人的性别（3号墓主为男性，1号墓主为女性）等其他因素有关。但如果排除制作的误差、因年代久远而致的木材的变形，以及棺盖和棺身启口的重合导致的高度减小，我们可以看出，马王堆3号墓和1号墓内棺与外棺的设计尺度相同，即内棺的长、宽、高分别为9尺、3尺、3尺，第1层外棺的长、宽、高分别为10尺、4尺、4尺，第2层外棺的长、宽、高分别为11尺、5尺、5尺，第3层外棺的长、宽、高分别为13尺、6.5尺、6.5尺（图3）。以9尺×3尺×3尺为内棺规格和以10尺×4尺×4尺为外棺规格当是战国中晚期以后长沙地区高等级楚墓设计的一种形制，子弹库战国中晚期墓（表3）即是这一制度的另一个实例，但马王堆汉墓的情形显然更规范，等级也更高。

3号墓的发掘简报没有提供棺具壁厚的数据，1号墓棺和椁壁厚按汉尺换算结果如表4所示。

由于中国的框锯使用大致始于7世纪，在此之前解料制板依靠裂解和砍斫，板材的厚度难以精确控制[2]，所以上面的数据接近而非整数并不费解。马王堆1号墓棺壁厚度近似4寸、5寸和6寸，令人想到《礼记•丧大记》所述“君大棺八寸，属六寸，[椑]四寸；上大夫大棺八寸，属六寸；下大夫大棺六寸，属四寸；士棺六寸”这种以棺椁厚度象征墓主身份的制度。但如果考虑到汉占篮尺使用的可能，这些数据背后很可能还有另一层意义。有关占篮尺的记载原见于《淮南子》，虽在该书的今本中

图1 马王堆1号墓棺椁

图2 马王堆3号墓棺椁

图3 马王堆1号墓剖面图

2 李浈，《试论框锯对古代建筑技术的影响》，《建筑史论文集》第12辑，北京：清华大学出版社，2000年，68~74页。

表 1　长沙马王堆 3 号墓内外棺大小及椁室尺寸　单位：1 汉尺 =0.235m

	椁　室	第 2 层外棺	第 1 层外棺	内　棺
长	4.36m[①]=18.5 汉尺	2.57m=10.9 汉尺	2.34m=10 汉尺	2.14m=9.1 汉尺
宽		1.16m=4.9 汉尺	0.92m=3.9 汉尺	0.72m=3 汉尺
高		1.13m=4.8 汉尺	0.88m=3.7 汉尺	0.67m=2.8 汉尺

数据来源：湖南省博物馆、中国科学院考古研究所，《长沙马王堆二、三号汉墓发掘简报》，《文物》，1974 年第 7 期。

① 椁室总长系根据该简报提供的各箱长与壁板厚度尺寸相加得出，或有欠准确。

表 2　长沙马王堆 1 号墓内外棺大小及椁室尺寸　单位：1 汉尺 =0.23m

	椁　室	第 3 层外棺	第 2 层外棺	第 1 层外棺	内　棺
长	4.84m=21 汉尺	2.95m=12.8 汉尺	2.56m=11 汉尺	2.30m=10 汉尺	2.02m=8.8 汉尺
宽	0.26m=1.1 汉尺	1.50m=6.5 汉尺	1.18m=5.1 汉尺	0.92m=4 汉尺	0.69m=3.0 汉尺
高	1.52m=6.6 汉尺	1.44m=6.3 汉尺	1.14m=4.9 汉尺	0.89m=3.8 汉尺	0.63m=2.7 汉尺

数据来源：湖南省博物馆、中国科学院考古所，《长沙马王堆一号汉墓》，北京：文物出版社，1973 年。

表 3　长沙子弹库战国中晚期墓　单位：1 战国尺 =0.23m

	椁　室	外　棺	内　棺
长	3.06m=13.3 战国尺	2.3m=10 战国尺	2.04m=8.9 战国尺
宽	1.85m=8 战国尺	0.93m=4 战国尺	0.63m=2.7 战国尺
高	1.33m=5.8 战国尺	0.87m=3.8 战国尺	0.61m=2.6 战国尺

数据来源：湖南省博物馆，《长沙子弹库战国墓》，《文物》，1974 年第 2 期。

表 4　长沙马王堆 1 号墓棺壁厚　单位：1 汉尺 =0.23m

	椁壁厚	第 3 层外棺	第 2 层外棺	第 1 层外棺	内　棺
盖板	0.26m=1.1 （1.1 汉尺）	0.15m=0.65 （6.5 汉寸）	0.13m=0.57 （约 6 汉寸）	0.13m=0.57 （约 6 汉寸）	0.13m=0.57 （约 6 汉寸）
左右侧板	0.26m=1.1 （1.1 汉尺）	0.11m=0.48 （约 5 汉寸）	0.11m=0.48 （约 5 汉寸）	0.115m=0.5 （5 汉寸）	0.095m=0.41 （约 4 汉寸）
头足挡板	0.27m=1.17 （约 1.2 汉尺）	0.15m=0.65 （约 6.5 汉寸）	0.12m=0.52 （约 5 汉寸）	0.115m=0.5 （5 汉寸）	0.117m=0.5 （5 汉寸）
底板	0.22m=0.96 （约 1 汉尺） 0.28m=1.2 （约 1.2 汉尺）	0.13m=0.57 （约 6 汉寸）	0.11m=0.48 （约 5 汉寸）	0.11m=0.48 （约 5 汉寸）	0.11m=0.48 （约 5 汉寸）

数据来源：湖南省博物馆、中国科学院考古所，《长沙马王堆一号汉墓》，北京：文物出版社，1973 年。

图4 马王堆1号墓内外棺照片

已不存，但仍保存于宋《事林广记》。占篮尺为官尺的1.1倍或1.2倍长，分为财、病、离、义、官、劫、害、吉（或本）8个刻度，其中1、4、5、8，即"财"、"义"、"官"和"吉（或本）"为吉星，其他为凶星。[3] 官尺长为0.23m的占篮尺长为0.23m×1.1，即0.253m，等分8份，每份为0.0316m。据此，马王堆1号墓棺和椁的壁厚可以重新换算如表5所示。

这就说明，除椁室上层底板为占篮尺7寸，属凶星"害"，以及内棺左右侧板为占篮尺3寸，属凶星"离"之外，马王堆1号墓棺及椁的壁厚的绝大部分尺寸均在《淮南子》所记述的占篮尺的吉星位置。它们与《礼记•檀弓》中"有子曰 ：'夫子制于中都，四寸之棺，五寸之椁，以斯知不欲速朽也'"这一记述的数据相符。有

3 据宋《事林广记》所引《淮南子》："鲁般即公输般，楚人也，乃天下之巧士，能作云梯之械。其尺也，以官尺一尺二寸为准，均分为八寸，其文曰财、曰病、曰离、曰义、曰官、曰劫、曰害、曰吉。乃北斗中七星与辅星主之。用尺之法，从财字量起，虽一丈十丈皆不论，但于丈尺之内，量取吉寸用之；遇吉星则吉，遇凶星则凶。亘古及今，公私造作，大小方直，皆本乎是。作门尤宜仔细。又有以官尺一尺一寸而分作长短寸者，但改吉字作本字，其余并同。"

表5 长沙马王堆1号幕棺椁壁厚 单位：1寸=1/8占篮尺=1/8×0.253m=0.0316m

	椁壁厚	第3层外棺	第2层外棺	第1层外棺	内 棺
盖板	0.26m=8.2寸 （吉）	0.15m=4.7寸 （官）	0.13m=4.1寸 （义）	0.13m=4.1寸 （义）	0.13m=4.1寸 （义）
左右侧板	0.26m=8.2寸 （吉）	0.11m=3.5寸 （义）	0.11m=3.5寸 （义）	0.115m=3.6寸 （义）	0.095m=3寸 （离）
头足挡板	0.27m=8.5寸 （吉）	0.15m=4.7寸 （官）	0.12m=3.8寸 （义）	0.115m=3.6寸 （义）	0.117m=3.7寸 （义）
底板	0.22m=7寸 （害） 0.28m=8.86寸 （吉+财）	0.13m=4.1寸 （义）	0.11m=3.5寸 （义）	0.11m=3.5寸 （义）	0.11m=3.5寸 （义）

子说“以斯知不欲速朽也”应是因为四寸和五寸均为吉星，这也说明《礼记·檀弓》的数据很有可能是占篮尺数据。

3号墓发掘简报仅说明椁室壁厚为0.19m。按汉尺为0.235m长换算，0.19m为8寸，符合《礼记·丧大记》“君大棺八寸”，即象征最高等级的厚度；但按相应占篮尺换算为6寸，为凶星，因此3号墓设计是否采用了占篮尺还需要再检验棺壁的数据。但如果考虑到淮南王刘安生于公元前179年，马王堆3号墓主下葬时他仅11岁，3号墓没有使用《淮南子》中所记述的占篮尺制度也不足为怪。马王堆1号墓的设计比3号墓晚，或许当时《淮南子》所代表的用尺制度已经具有影响（图4）。

此外，两墓遣册所记“非衣一，长丈二尺”究竟为何意这一颇令考古学家们费解的问题或许也可以通过汉尺换算得到解释（图5）。如3号墓非衣通高2.33m，以每尺0.235m换算为10尺，两侧臂高为通高的1/5，即2尺，通高和臂高相加为1丈2尺；1号墓非衣通高2.05m，以每尺0.23m换算为8.9尺，约等于9尺，两侧臂高为通高的1/3，即3尺，通高和臂高相加也为1丈2尺。3号墓非衣共用幅宽为2尺的帛14尺，所以“丈二尺”

图5 马王堆1号墓和3号墓出土的非衣

在此应是一个通高加臂高的形制概念，而1号墓非衣用帛12尺，所以“丈二尺”不仅指形制规格，也指用料长度。3号墓帛画为2.12m×0.94m，以同理换算为9尺×4尺，可知应是用两块各长9尺、幅宽2尺的帛拼合而成。

（本研究得到芝加哥大学巫鸿教授的指导，哈佛大学汪悦进教授曾给予热情支持和鼓励，在此深表感谢）

4

富勒与设计科学

摘要

富勒不仅仅是一位建筑师，而且是一位极富创见的工程师、发明家、数学家、教育家、制图学家、哲学家、诗人、作家、宇宙进化论者、工业设计师和未来学家。他发明的张力杆件穹隆（Geodesic Dome）被称作是迄今人类最强、最轻、最高效的围合空间手段。他的全部创作都源于“设计科学”（Design Science）思想，目标是将人类的发展需求与全球的资源、发展中的科技水平结合在一起，用最高效的手段解决最多的问题。“设计科学”即关于本质的形式的科学，它与几何学、力学、运动学和材料学等相关，体现了科学的理性。当代设计科学在建筑上的发展包括自成形结构、张力结构、可变形结构、多面体建筑等方面。21世纪，中国要实现建筑的“可持续发展”的目标，应该重视“设计科学”。

巴克敏斯特•富勒
1895~1983年

这两年在国内听到文学界、艺术界以及建筑界的朋友们讨论得很热闹的一个话题是“后现代主义”，这是20世纪80年代从美国传进来的思潮，还有一位著名的理论家断言：“现代建筑死亡了。”于是便以为美国的这些领域也早已是历史主义、地方性和反理性思想盛行的天下。所以去年[1] 11月刚到纽约访问，看到第一个有关建筑的展览——“当代设计科学的发展”，我便感到有些意外。

首先意外的是这个展览所纪念的人，他是一位建筑

1 即1995年。

初稿载《金秋科苑》，1997年1月；修改稿载《世界建筑》，1998年1期。

师，名叫 R. 巴克敏斯特•富勒（R. Buckminster Fuller）。我在国内学习过外国近现代建筑史，教科书中介绍的现代主义之前、现代主义和后现代主义的大师不少，然而却没有提到这位富勒的名字。回国后我又问及许多同事，他们也和我当初的感觉一样，对他非常陌生。富勒1895 年出生，1983 年去世，这个展览就是纪念他诞辰100 周年的。展览在纽约第 102 街的圣约翰大教堂（The Cathedral Church of St. John the Divine）内举办。我去的那天正赶上开幕式，人非常多，都坐在教堂的中厅里，静静地听着对富勒的纪念发言。看得出来，大家都对他充满了敬意。除了建筑师外，富勒还被人们称为工程师、发明家、数学家、教育家、制图学家、哲学家、诗人、作家、宇宙进化论者、工业设计师和未来学家。

第二个让我感到意外的是展览的内容。教堂里的光线很暗，即使在白天，内部也要靠人工照明。展品布置在教堂的侧廊里，大都是一些金属制作的几何体或带有机械原理的模型，还有一些光学的小装置，在投射灯的照射下，显得十分精巧。展览分为 9 个专题——空间中的秩序；结构与运动；秩序背后的秩序；新的空间几何；本质的设计；建筑多面体；空间之有无；自成形结构；多面体结构 ；曲面与迷宫和张力结构，看起来“技术”的含量很高。

我想自己大概是唯一有机会来看这个展览的中国内地建筑学人，似乎有义务借此机会了解一下美国建筑发展的动态，于是便找到这个展览的负责人，纽约普拉特学院建筑系的教授哈雷什•拉瓦尼（Haresh Lalvani）博士。他正带着几位学生对展品做最后的调整。自我介绍后我便单刀直入地问：“这个展览是不是意味着理性主义和高技术在后现代时期的复兴呢？”“复兴？”听了我的问话，他似乎很意外，“我们一直都在这么干呀。”他笑着说：“这个主义那个派都是历史学家们贴的标签，而我们则是按照自己认为正确的去干，不关心别人怎么称呼。没有消亡何来复兴呢？”

在教授的身后站着一位中等身材，戴着一副眼镜，有着亚洲人面孔的小伙子，他一直在听着我和教授的谈话，看到教授说完了，便走过来自我介绍说：“我叫邬洪国，台湾人，是拉瓦尼教授的学生。”看出我对这个展览的兴趣，就一边走一边向我介绍起富勒和这个展览。

富勒出生于美国马萨诸塞州一个商人的家庭。他的

图 1 在普拉特学院形态学工作室，左起第二位是拉瓦尼教授，第三位是邬洪国

曾祖母玛格丽特•富勒（Margaret Fuller）是一位著名的早期女权主义者和一位先验论哲学的领袖。富勒从小就受到家庭中不随俗、不信教的影响。他曾经上过哈佛大学，但仅过两年便被学校开除，所以他基本上没有受过正规的教育。第一次世界大战期间，他在美国海军服役。这一段经历对他的影响很大，他后来在造型上的许多想法，如节约能源、利用能源和能源自给等都来自船、船上设备的装配和造船工程。造船所要遵循的原则“合理的形式就是美的”后来一直是富勒的一个信条。1917 年，他与美国建筑师学会（American Institute of Architects, AIA）副主席 J. M. 休利特（J. M. Hewlett）的女儿结婚，从此开始与建筑结缘。

20 世纪 20 年代正是现代建筑运动兴起的前夜。就在富勒接触到建筑不久后举办的芝加哥论坛报大厦的设计竞赛中，复古主义的方案击败了现代主义的挑战。但也许正是由于富勒没有受过正规的建筑教育，他的头脑中没有学院派的条条框框，这使他能够跳出前人的窠臼，更多地从技术与功能的角度去思考问题，从而与现代主义不谋而合。

他很敏锐地把握到大工业时代的脉搏，认为用手工艺建造房屋是中世纪的办法，他要设计出一种完全能体现预制、功能和运输要求的建筑。1927 年，他发明了自己理想的住宅，它能在工厂装配，而由飞机运载建造，设备齐全。这是当时最电器化的设想。接着他又按照同样的思想做出了汽车和浴室的设计。

邬洪国指着镜框里一张发黄的硫酸纸设计图对我说：“看，这就是他在 1928 年到 1933 年间发明的特种汽车，它能越野，能原地转向 180°，速度快，而且耗油

图 2　富勒，可变形结构模型

图 3　富勒，加拿大蒙特利尔世界博览会美国馆，1967 年

很少，四周都有保险杠。在 1948 年，他还试制了一种三引擎的汽车，每升汽油可行驶 14~18km，最大限度地降低了对环境的污染。”

邬洪国对富勒的生平事迹如数家珍。1922 年，富勒的第一个女儿不幸死于流感导致的小儿麻痹和脑炎，年仅 4 岁。富勒在悲痛中认识到，应该发明一种方法，去控制人类的生存环境。在 1948 年，他发明出一种几何学的向量系统。他认为自然界存在着能以最少结构提供最大强度的向量系统，如有机混合物或金属中由四面体聚合而成的晶格，这种系统的基本单元为四面的角锥体，它与八面体聚合后便成为最经济的覆盖空间的结构。他用这种结构设计了多面体张力杆件穹隆，它的构架的总强度随着大小按对数比增加，材料省、重量轻，所以刚一问世就被广泛利用。

图 4　富勒与 1967 年加拿大蒙特利尔世界博览会美国馆

邬洪国又指给我一张照片，那是一个巨大的穹隆，像一颗硕大的宝石在阳光下熠熠生辉。穹隆的前面有一位戴眼镜的白发老人，“他就是富勒。”邬洪国继续说，这是1967年加拿大蒙特利尔世界博览会上的美国馆，它就是一个多面体的张力杆件穹隆，直径76m，高60m，足可以包容下北京天坛的祈年殿。这里面还有一条38m长的自动扶梯，以及一条架在高11m空中的、贯穿大穹隆的火车道。这座穹隆是当时博览会上最引人注目的建筑，也是美国建筑独创性的象征。这种穹隆没有尺度上的限制，当今世界上最大的穹隆是富勒在1961年为密苏里州植物园设计的大温室，它的净跨达117m。富勒还设想用它覆盖整个城市，使环境的全面控制，以及使不利地形（如北极圈）的经济利用成为可能。即使有朝一日人类被迫移居到外星球，也可以用它建造适合人类生存的小环境。

1970年，在富勒75岁的时候，美国建筑师学会授予他该组织的最高荣誉——AIA金奖。有趣的是，按照法律规定，富勒当时还不具备申请注册建筑师的资格，所以学会颁奖给一位非正式会员是特别破例的。学会高

图5　富勒的构想：用多面体张力杆件穹隆覆盖纽约

度评价说："他是一个设计了迄今人类最强、最轻、最高效的空间围合手段的人，一个把自己当作人类应付挑战的实验室的人，一个时刻都在关注着个人发现的社会意义的人，一个认识到真正的财富是能源的人，以及一个把人类在宇宙间的全面成功当作自己的目标的人。"

邬洪国说："富勒一生中有2000多项发明专利，还写了25本书，真是一个了不起的多面手。不过他最关心的问题还是如何将人类的发展目标、需求与全球的资源，以及发展中的科技水平结合在一起考察。由于世界人口在不断增加，而地球上可供使用的资源又在不断减少，这就需要人类去调动自身的资源——智慧和信息去弥补这个逆差，要对有限的物质资源进行最充分和最合宜的设计，满足全人类的长远需要。按照富勒自己的话说就是要'少费而多用'（more with less；富勒为此发明了一个新词——Dymaxion）。他自己一生的工作和所有的发明可以说都是为了实现这一目标的，他是一位真正地关心人与自然的协调发展的人。"

邬洪国的话使我想起自己一直在思考的一个问题。国内常常有人说中国建筑与自然的关系非常和谐，是"天人合一"，理由是中国园林对自然山水的模仿和风水对地理环境的虔敬。但持这种看法的人忽略了一个简单的事实，这就是由于生产力水平低下，中国建筑几千年来一直以木为结构材料，对生态环境的破坏恰恰是最大的。唐代文学家杜牧的《阿房宫赋》就写道："蜀山兀，阿房出"——四川的山都伐秃了，才造起了阿房宫。明代初期建造长陵祾恩殿时还能采到直径1m多的楠木作为

图6　富勒，迨马克西安住宅（Dymaxion House），1929~1945年

柱子，而过了500年，到清代光绪年间重修天坛祈年殿时已不得不从美国进口花旗松。我还有一位朋友去山西参观辽代的应县木塔，这座塔高67m，是世界上最高的木结构建筑，然而他却惊讶地发现，在整个县城里没有看到一棵大树。可见，中国建筑并非“天人合一”，它的发展是以对生态环境的破坏为代价的。如今西北地区的沙漠化、水土流失，大概也可以从这一地区自古以来的城市化和由此造成的森林消失找到一定的答案。这样说来，富勒的设计才是真正的“天人合一”。

“在20世纪50年代，富勒还提出了‘设计科学’的思想。”邬洪国的话把我从思考中唤回。他接着说，以往的造型设计都被称作“艺术”，依靠的是设计人的“直觉”、“天才”和“慧根”。按照美学思想和表现手段的不同，造型艺术被分为不同的风格和不同的流派。以建筑为例，就有古典式的、哥特式的、文艺复兴式的、巴洛克式的，等等。但富勒试图要超越所有的风格，超越设计师的个性化语言，把它当成一种科学，即一种可以依据理性的原则进行的一种操作。

我不禁问：“富勒是不是太过于科学乌托邦了？20世纪60年代兴起后现代主义，一个主要的原因不就是人们开始怀疑科学技术决定论和反对对理性的过分迷信吗？”

邬洪国说：“你说得对，世界文化是多元的，把任何一种主张当成绝对真理都会导致谬误。但是，谁也无法否认，人类的生存和进步离不开科学技术，人类的正常思维也离不开理性。看起来富勒是非常执著于科学和理性的，但他的目的是解决人类面临的问题，这一点与那些强调人文的人们并不矛盾。这就可以回答你刚才问拉瓦尼教授的那个问题，科学与人文是互补的，而不是你死我活的。”

他把我带到一块展板前面，继续说着：“把设计当作科学的人们确实是笃信理性，包括我自己。理性是人类自古以来的认识世界的基本方法，你看这个展览的第一部分，叫作‘空间中的秩序’，说的就是普遍存在的‘理’。重复的模式，无论是视觉的还是听觉的，都是存在的基本形式，节奏是生命的本质。这第二部分是‘秩序背后的秩序’。我给你举个例子，人的动作可以说是千变万化的，但匈牙利的舞蹈理论家和教师鲁道夫•冯•拉班（Rudolf von Laban，1879~1958年）却发明了舞谱，用简单的符号就可以把这些变化准确地记录下来，这种秩序大概可以说就是最根本的规律。你再看第四部分介绍的‘本质的设计’，虽说自然界也是千变万化的，但构成事物的分子、原子的结构也是非常规则的，几何形就是最本质的形状。以前人们以为碳只有金刚石和石墨两种分子结构，最近又发现出第三种形式，它与富勒生前设计的一种模式非常相似，所以现在就用富勒的名字给它命名（Buckminsterfullerene）。另外自然中许多有机体的造型也是非常完美的，常可给我们的设计以很好的启发。你想，自然是无情的，无效的有机体根本不可能生存。所以说‘自然是一切的真神’。”

我问邬洪国：“1851年英国人约瑟夫•帕克斯顿（Joseph Paxton，1803~1865年）设计的伦敦水晶宫用钢架和玻璃建造，与富勒的多面体张力杆件穹隆的设计思路有很多共同之处，是不是也是一种设计科学的方法呢？”

邬洪国点点头：“对，确实是这样，设计科学这个概念是在20世纪50年代提出来的，但这方面的思想和实践是与19世纪中期现代建筑运动的兴起同时出现的。除了帕克斯顿以外，1872年法国建筑家欧热内•维奥雷-勒-杜克（Eugéne Violle-le-Duc，1814~1879年）曾经设计过一个半规则多面体空间的建筑，也很有现代意味；那位发明电话的英国人亚历山大•格雷厄姆•贝尔（Alexander Graham Bell，1847~1922年）在1901年设计过四面体的空间框架，并在1907年建成；我们大家都知道的西班牙建筑怪才安东尼奥•高迪（Antonio Gaudi，1852~1926年）是第一个设计建造重力自成形结构的人，他还设计过仿照树枝形状的多杈形石柱；意大利的著名建筑工程师皮埃尔•路易吉•奈尔维（Pier Luigi Nervi，1891~1979年）在20世纪三四十年代设计过大量精巧美妙的混凝土结构，他真是把英国动物学家达西•汤普森（D'Arcy Thompson，1860~1948年）的名言‘形是力的图解’变成了现实；还有西班牙的建筑师、钢筋混凝土工程师费利克斯•坎德垃（Felix Candela，1910~1977年），他在20世纪50年代初设计的薄壳结构还不到5cm厚，最薄仅1.6cm。他们都是设计科学的先驱者。”

邬洪国继续兴致勃勃地给我介绍展览的内容。“你在这里看到的都是当代建筑在设计科学思想引导下取得的新进展。你看，这部分是自成形结构。这是西班牙建筑师费利克斯•埃斯克里格（Felix Escrig）设计的一座游泳馆，它的全部屋顶结构可以在工厂预制完成后用汽车拉到现场，像撑雨伞一样地打开。这是美国建筑师丹特•N. 比尼（Dante N. Bini，1932－）发明的一种技术，用一种充气的薄膜作模板，现浇混凝土，用3个小时就可以成形一座12m直径的半圆壳。”

我非常惊讶：“这种技术用于在战争中建造掩体，岂不非常高效？”邬洪国说：“是呀，这可是美国在1965年就发明出来的。”他又介绍说，“这部分内容是讲变形结构。这座用变形结构设计的清真寺的顶棚可以根据日光的强弱自动开合。这座体育场屋顶的每段结构构架也可以像剪刀那样的收合，以适应气候的变化。你再看这部分内容是讲张力结构，德国建筑师弗赖•奥托（Frei Otto，1925－）为1972年慕尼黑奥林匹克运动会设计的体育场就是用这种结构覆盖的。”

我想起在大学时老师曾经放过这座体育场的幻灯片。在一片绿茵茵的丘陵地上，一根根桅杆支起一片片钢索和有机玻璃做成的棚伞，就像海风吹皱的碧波，在

图7　费利克斯•埃斯克里格，自成形结构游泳馆

阳光的照射下闪着银光，那真是技术与艺术的完美结合。

邬洪国说："现在人们又在设想用张力结构建造新一代的摩天大楼。"他指给我两个模型，果然，它们的外墙都是用绷紧的棚布做成，建筑的体型显出棚布的曲面和缆索的曲线，完全不同于钢和混凝土的硬直。

我和邬洪国就这样一边看着，一边说着，时间不觉过得很快，开幕式已经结束，本来狭窄的教堂侧廊里又进来许多观众。邬洪国说："现在设计科学还有另一个名称，叫'形态学'（Morphology），它是更宽泛的形式科学的一部分。形式科学研究在各种状况和条件下的形式，从更广义上说，是研究在理论上可能存在的形式。在我们普拉特学院，就有一个由拉瓦尼教授领导的形态学工作室，你若有兴趣，欢迎来看一看。"

我非常感谢他的热情介绍和邀请，又问他："现在世界上哪些国家开展了这方面的研究呢？"他说："美国大概搞得最多，其他国家还有英国、法国、德国、日本、

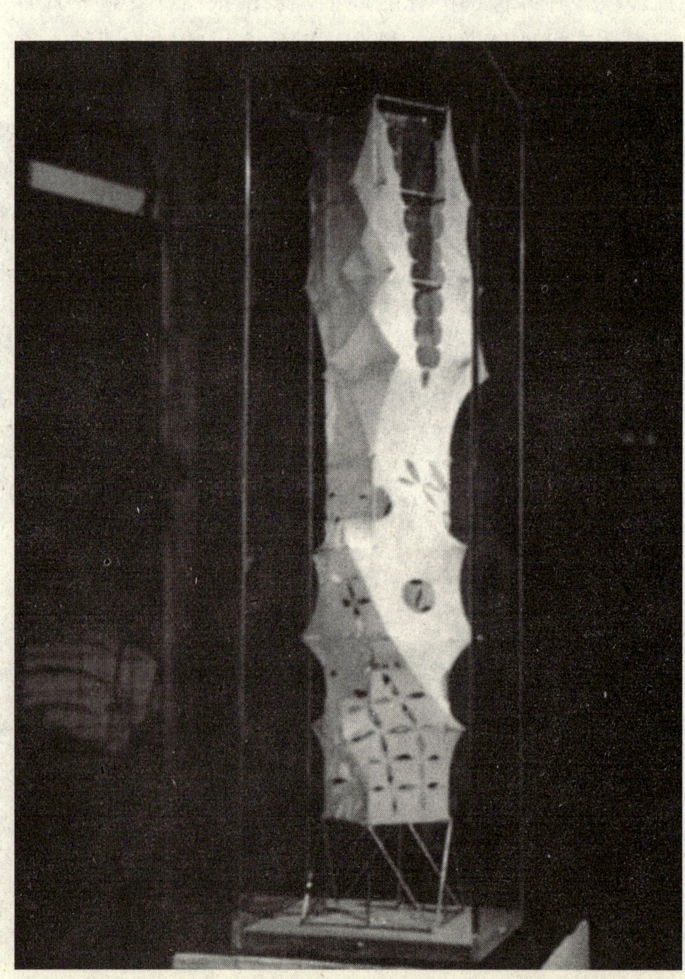

图 8　托德·德兰德（Todd Dalland），张力结构摩天楼模型

加拿大、西班牙和意大利等，在印度也有人尝试用简单的材料如竹子去建造多面体穹隆。拉瓦尼教授是富勒的学生，就是一位印度人。设计科学是和科学技术相互促进的，发达国家之所以发达与它们自觉地发展并应用科学技术分不开，这不需要我多说。我毕业后也打算回台湾去做这方面的工作。”

富勒纪念邮票，2004 年

我说：“中国人口多，资源少。现在联合国提出‘可持续性发展’的口号，中国要实现这样的目标其实最需要富勒这样的人和设计科学这样的思想，用高效的科技手段去解决社会发展与环境保护的矛盾。你回台湾一定会大有作为。”

邬洪国忽然感慨起来：“但愿如此。可是我很担心两种倾向，一是保守，我们很多人总爱回忆古代是多么伟大，很少像欧洲人和美国人那样对新事物非常热情，对未来有那么多想法。他们以为靠老祖宗的方法还能解决未来的问题。”我又想起了杜牧那句“蜀山兀，阿房出”。“二是盲从，”他说，“还有一些人总爱跟着国外‘最新’的潮流跑，但是不是对中国最有效、最有价值却不知道。现在谈历史意义、地方性、非理性是热门，它们有一定的道理，但我认为富勒和设计科学对中国更重要，只是在欧美已不‘时髦’，我不知道回去讲会有多少人感兴趣。我来美国已经 4 年，但愿这几年来随着经济的发展，人们的思想观念也会有所变化。对了，你注意到现在中文报纸上总有‘21 世纪是中国人的时代’这类的提法吗？”我点点头，说：“在经济上这也许会是真的，但未来从来只属于对未来有想法的人。”他也点点头。

三、形式与风格

5 吕彦直与中山陵及中山堂

6 杨廷宝与路易·康

5

吕彦直与中山陵及中山堂

民国时期的建筑中，最广为人知的大概要说是南京的中山陵和广州的中山纪念堂了。它们不仅是一代伟大的丰碑，也是中国建筑史上的杰作。提起这两个建筑，人们不应该忘记它们的设计者——吕彦直。

吕彦直 1894~1929 年

吕彦直字仲宜，又字古愚，祖籍安徽滁县，就是宋代大文学家欧阳修写《醉翁亭记》的那个地方。他 1894 年生于天津，8 岁不幸丧父，9 岁随姐姐侨居法国巴黎。回国后到北京上学，1914 年从清华留美预备学校毕业后去美国康奈尔大学留学。吕彦直留学之初是在电机专业，由于他自幼喜好美术，所以很快便转到建筑系学习，1918 年毕业。当时，许多中国建筑留学生都是在毕业后先到美国的建筑师事务所里工作一两年，获得实际经验之后再回国开业，吕彦直也不例外。他跟随的美国建筑师中文名叫茂飞（Henry Killam Murphy），就是南京灵谷寺无名烈士纪念塔以及金陵女子大学（现南京师范大学）、燕京大学（现北京大学）、清华大学等校校园规划及早期建筑的设计人。吕彦直 1921 年回国，不久在上海与校友过养默等合开了“东南建筑公司”，他的早期作品有上海香港路银行公会大楼。1925 年 9 月，他又独立开办了“彦记建筑事务所”。

1925 年 2 月，孙中山先生在北京病逝，按照他的遗愿，陵墓选址在南京的紫金山麓。同年 5 月，国民党“孙中山先生葬事委员会”悬奖征集陵墓设计方案，这是中国建筑史上的第一次建筑设计竞赛，中外建筑师的 40 多个方案参加了角逐。9 月 19 日评选揭晓，吕彦直的方案获得头奖。第二年 4 月，广州中山纪念堂委员会又登

原载《光明日报》，1996 年 10 月 23 日、30 日。

报悬奖征集方案，吕彦直再次独占鳌头。

吕彦直的两个设计都是中国传统形式与西方古典建筑传统的结合。这种做法体现了当时中国建筑界的一个理想，即“融合东西方建筑学之特长，以发扬吾国建筑固有之色彩”。

西方建筑中的所谓“古典”，是指古希腊和古罗马建筑的造型要素和造型方式。古希腊建筑的结构是梁柱体系，古罗马建筑又在此基础上发展出拱券和穹隆体系。梁、柱、拱和穹隆是古希腊和古罗马建筑最主要的造型要素，在它们之中还形成了若干固定的组合方式，就好像是一些简单的音符和一些固定的曲调。在这些要素中，柱子的地位最重要。每栋建筑的功能不同，大小不同，开间高度和比例就有差异，影响到建筑立面的构图和风格，这就要求对柱子进行相应的设计，以便与这种变化相协调。在古典建筑中，有五种最基本的柱子样式：陶立克、爱奥尼、科林斯、塔斯干和科林斯与爱奥尼的复合式（Doric，Ionic，Corinthian，Tuscan，Composite），供建筑师酌情选用，它们被称作“柱式”（Order）。古希腊和古罗马的建筑体系在公元前 1 世纪就已发展得相当成熟。尽管在中世纪曾随着古罗马帝国的分裂、衰亡而遭到遗弃，但在 15、16 世纪的文艺复兴时期又重新得到继承和进一步发展。新的发展突出体现在利用简单的古典造型要素做出了丰富的组合，好比一首乐曲出现了结构上的扩展以及重奏和变奏。这种发展在 17、18 世纪的法国达到高峰。虽然希腊和罗马的建筑语汇依旧，但“语法”规则——构图——却大大丰富了，如强调轴线、建筑各部分的主从关系、注重细部和整体间的和谐，即要体现出一种秩序和理性，这就是“古典主义”。

巴黎美术学院是 17 世纪以后西方建筑教育中古典主义思想的大本营。美国建筑师从 19 世纪中期开始到该校留学，到 20 世纪初已有 400 多位毕业生活跃在美国建筑界，无论是大型公共建筑的设计还是学校的教育，都受到古典主义的极大影响。中国近代的建筑留学恰好处在这一背景之下，因而现代中国建筑师的创作也打上了古典主义的烙印。

中山陵依山而建，从下至上沿轴线依次是“博爱”牌坊、陵门、碑亭、祭堂和墓室，用宽广的平台和石阶联成整体，四周掩映着苍松翠柏。建筑巍峨壮观，环境庄严肃穆，令谒陵者顿生景仰、崇敬之情。主体建筑祭堂的立面采用古典主义的“三段式”构图，即正立面上下左右都可分为三部分，上下分别是檐口、墙身和基座，左右是两侧墙和中心的入口。这一形式的古典主义代表作是法国路易十五的别墅“小特里阿农”（Petit Trianon，1762~1768 年）。它的中心部分用四根科林斯式柱子分成三开间，整个建筑体形虽然并不复杂，但中心突出，比例匀称，立面长宽之比为 2:1，中心部分呈正方形，构图非常完整。吕彦直的早期作品上海香港路银行公会大楼的立面构图就受到它的影响。

中山陵祭堂方案最直接的参照对象可能是美国近代建筑名作，华盛顿的泛美联盟大厦。这栋建筑是 1907 年的竞赛获奖作品，直到 1948 年在美国的优秀建筑评比中仍居第 14 位，甚至高于美国现代派大师弗兰克•劳埃德•赖特（Frank Lloyd Wright）的代表作“流水别墅”（第

图 1 克芮，泛美联盟大厦，华盛顿，1907 年

图 2 吕彦直，中山陵祭堂，南京，1925~1929 年

17位）。它的设计人是保尔•菲利普•克芮（Paul Phillip Cret, 1876~1945 年），美国宾夕法尼亚大学的教授，一位毕业于巴黎美术学院的著名建筑师和建筑教育家，中国建筑家杨廷宝、梁思成等就出自他的门下。康奈尔大学的档案表明，吕彦直留美期间曾经在华盛顿居住，所以对于这栋著名建筑，他不会没有了解。中山陵的立面设计和泛美联盟大厦立面的中部明显有相似之处，如退后于侧墙的入口壁柱、拱形门、坡檐等，不过吕彦直对这些构图要素都做了中国式的改造，并加上了一个歇山式大屋顶，这种形式的屋顶虽然在传统建筑的等级制中不及四坡的“庑殿顶”高，但在中国现代的“民族形式”新建筑的创作中却因轮廓丰富而被普遍采用。

吕彦直自己曾说，在设计中山陵时，他“初意拟法国拿破仑墓式，继思不合，故纯用中国式。”但很明显，将孙中山的灵柩和卧像放于下沉的圆形墓圹中供人凭吊瞻仰的做法，就是由拿破仑墓得来的。

至于广州的中山纪念堂，我们则先要从古典主义建筑家的偶像，意大利文艺复兴晚期的著名建筑家安德里亚•帕拉第奥（Andrea Palladio，1508~1580 年）说起。帕拉第奥对建筑史的重要贡献在于，他不仅通过测绘古罗马建筑传播了古典建筑思想，还通过自己的研究和设计创造了新的建筑构图手法。古典主义建筑如小特里阿农将立面依上下和左右划分为三段，以中央部分为主予以突出的做法就是他首先从理论上阐明的。他的代表作品之一是意大利维琴察的圆厅别墅（Villa Rotonda, Vicenza，约 1566~1569 年），设计于 1652 年，该建筑的主体平面为正方形，四面各接出一个希腊神庙形的门廊，无论从哪个角度看，造型都很完整。它的立面上下左右

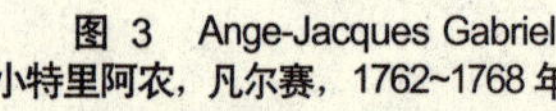

图 3　Ange-Jacques Gabriel，小特里阿农，凡尔赛，1762~1768 年

图 4　吕彦直，中山纪念堂设计，广州，1926 年

图 5　麦金、米德和怀特，哥伦比亚大学娄氏图书馆，纽约，1893 年

都是三段式，顶部是锥形外表的穹隆，构图严谨，比例和谐，因此很受古典主义者推崇。圆厅别墅实际上体现了文艺复兴时期建筑的一个美学思想，即用完整的几何形象体现一种理想的、普遍的美。它的正十字形平面用于教堂时被称作是“希腊十字”，区别于天主教堂有一个长长的中厅的“拉丁十字”，也是 17 世纪以后古典主义建筑师所喜爱的。

吕彦直设计的中山纪念堂就采用了这种“希腊十字”的平面，它的中心部分为八角形的会场，四翼分别为入口和舞台。在设计过程中，吕彦直很可能受到两栋建筑的启发，一是纽约哥伦比亚大学的娄氏图书馆（A.A.Low Memorial Library），二是他的母校北京清华大学的大礼堂。前者建于 1897 年，是美国新古典风格的名作，设计人是著名建筑师查尔斯·福伦·麦金、威廉·拉瑟福德·米德和斯坦福·怀特（Charles Follen Mckim，1847~1909年；William Rutherford Mead，1846~1928 年，Stanford White，1853~1906 年）。后者建于 1917~1921 年，建筑师就是他先前的雇主茂飞。但吕彦直再次做了“西学为体，中学为用”的“翻译”——将西方古典建筑语汇用中国构件替代，并按照希腊十字平面组合。尤其是圆形的穹顶改成为八角攒尖的中式大屋顶，跨度 30m，用钢桁架做结构支承在墙内的八根柱子之上，这是当时国内会堂建筑中跨度最大的。

在中山陵和中山纪念堂施工的时候，吕彦直已身患肝癌，1929 年 3 月 18 日他在上海病逝，年仅 35 岁。这一年的 6 月 1 日，中山陵第一期工程终于完工，并举行了隆重的孙中山灵柩迁葬仪式“奉安大典”。吕彦直最终没能亲眼看到凝聚着自己的心血甚至生命的作品完工，实在令人扼腕嗟叹。他逝世后，国民政府向全国发布了褒扬令，表彰他的卓越功绩。第二年，又在中山陵祭堂西南隅的休息室内为他建立了纪念碑。由孙中山大理石卧像的作者、捷克雕刻家高祺雕刻，国民党元老于右任先生亲题碑文：“总理陵墓建筑师吕彦直监理陵工积劳病故，总理陵园管理委员会于［民国］十九年五月二十八日议决立石纪念。”建筑师的纪念碑与建筑师的绝世之作同在，可谓适得其所，就像意大利文艺复兴时期的建筑巨匠伯鲁乃列斯基（Filippo Brunelleschi，1377~1446 年）也是长眠在他的杰作佛罗伦萨主教堂之下一样，更何况这里还有一位伟人孙中山。吕彦直如果地下有知，应该会感到由衷的欣慰。建筑师受到如此尊重，在中国只有吕彦直一人。

图 6　帕拉第奥，圆厅别墅，维琴察，约 1566~1569 年

6

杨廷宝与路易•康

在美国费城宾夕法尼亚大学的档案馆里，至今保存着一张旧剪报，它是 1925 年 2 月 9 日在费城的《晚报》上刊登的报道“中国学生获得上佳荣誉”。这位中国学生就是杨廷宝。报道称他是“学校近年来最出色的学生”。

1990 年出版的《宾夕法尼亚大学艺术学院 100 周年》一书在介绍梁思成和杨廷宝等中国留学生时，引用了这篇报道，并说这是“一个有趣的评价，因为他（指杨廷宝）是路易•康（Louis Kahn）的同班同学。”

该书说“有趣”大概是指记者先生的“慧眼”不识英雄，竟没有注意到日后大名鼎鼎，令宾夕法尼亚大学引以自豪的康。换句话说，是杨廷宝与康在学生时代的成绩都没能反映出他们日后的成就与影响。

其实，《晚报》的记者是客观的，他的根据是当时的艺术学院院长沃伦• P. 赖亚德（Dr.Warren P. Laird）对杨廷宝的称赞和其他负责人的评价。赖亚德院长称“杨是学校里才华最出众的学生之一”。其他人说：“在许多年中，杨廷宝以他的设计图赢得了较之其他任何学生都多的个人奖。”报道说：“即使这样，杨也绝不是一个活得很累的学生，他轻松和从容地帮助低年级学生的设计使他在校园中出了名。他并未因成绩好而头脑发热。建筑课程较之大多数其他课程要花更多的准备时间，许多同学在交图前夜都不得不开夜车，但杨总能保持 8 小时的睡眠。他还是学校里三个荣誉团体的成员，在 1925 年里他就获得纽约 Beaux Arts 协会颁发的三次奖励。”

在 20 世纪初期，美国的建筑教育还笼罩在巴黎美术学院，也就是著名的 Ecole des Beaux Arts 的影响之

THE EVENING BULL

CHINESE STUDENT GETS HIGH HONOR

Dean of Fine Arts School at Penn Calls Him One of Most Brilliant

BOY DISLIKES RICE

Ting Pao Yang, twenty-three, Chinese student of the University of Pennsylvania who will receive the Master of Architecture degree at the graduation exercises next Saturday, is the most distinguished student at the School of Fine Arts of the University in recent years.

Yang is one of the most brilliant students there, said Dr. Warren P. Laird, dean of the school. He has won more individual prizes for his drawings than any other student in many years, school authorities say.

Ting Pao Yang

Yang is by no means a "grind," however. His joviality and his readiness to help underclassmen with their work have made him popular on the campus. His attainments have not turned his head in the least.

His room, on the third floor, 226 S. 36th st., is a typical student room with pennants and his own drawings decorating the walls.

"The architects' course requires more time for preparation than almost any course in the University. Many of the students say they have to sit up all night when drawings have to be handed in the next day. But not so with Yang. He works on a well-balanced schedule.

"I always get in my eight hours of sleep," said Yang. "Three o'clock was the latest I ever stayed up. By doing a certain small amount of work a day, I have been able to get things done. I enjoy my work and like to go out on Sunday afternoons to sketch the landscape.

原载潘祖尧、杨永生主编《比较与差距》，天津：天津科学技术出版社，1997 年。

另：作者关于杨廷宝的最新研究参见《折中背后的理念——杨廷宝建筑的比例问题研究》（赖德霖著，《中国近代建筑史研究》，北京：清华大学出版社，2007 年，289~311 页）。

保尔•菲利普•克芮
1876~1945 年

下。主宰美国建筑界的是400多位从该校毕业的建筑师。在建筑教育中，美国仿照法国的模式，由设在纽约的 Beaux Arts 学院制定教程并将全国建筑系的学生作业集中到纽约评比。学生以其历次评比积分角逐“巴黎大奖”以至“罗马大奖”，这两个大奖是所有年轻建筑师的神圣梦想。

杨廷宝和路易•康的老师是保尔•菲利普•克芮，他是当时美国极有影响的建筑师和教育家。克芮原籍法国，1876 年生于里昂，1893 年进入里昂美术学院，1897 年获得一次重要的大奖后进入巴黎美术学院。他在学生时代就多次获奖，1903 年被当时宾夕法尼亚大学的建筑系主任赖亚德聘为教授。宾夕法尼亚大学在克芮领导下从1911~1914 年连续四次获得巴黎大奖。到 1930 年，纽约 Beaux Arts 协会在 20 年间所颁发的各种奖牌有四分之一被宾夕法尼亚大学的学生获得，因而宾夕法尼亚大学艺术学院在美国声名显赫，被称为“领头学校”（leading school）。

克芮在 1938 年被美国建筑师学会授予金奖。《美国建筑大百科全书》称克芮是“一位极有才华的折中主义建筑师。他以以往伟大的建筑风格为依据设计出优秀的作品。他受业于巴黎美术学院，全部思想根源于巴黎美术学院的传统。他按学院派的方法传授学院派的设计，并用同样的方法进行创作。他不是一位革新者，全部事业并不入后来的现代建筑之流，但他设计了许多不同风格的作品，至今不失佳誉。他传授给学生建筑知识和设计好建筑的敏感。”

折中的本义为杂陈，与纯粹和单一互为反义。杨廷宝是克芮的得意门生，折中这个词用来形容他的创作也极为合适。

1983 年，中国建筑工业出版社出版了《杨廷宝建筑设计作品集》。这本书收入了杨廷宝生前主持过的 88 项建筑工程，除去古建筑修缮和大学校园规划，共有 83 项合 92 栋（组）建筑。按照风格的不同，这些建筑大致可分为 9 类，如以中央大学图书馆扩建为代表的新古典风格（Neo-Classical），以清华大学气象台为代表的摩登古典式（Modern Classic），以重庆美丰银行为代表的装饰艺术式（Art Deco），以南京大华戏院、南京招商局候船厅为代表的摩登艺术式（Art Moderne），以东北大学图书馆为代表的都铎哥特式（Tudor Gothic），

杨廷宝，中央大学图书馆扩建，南京，1933 年

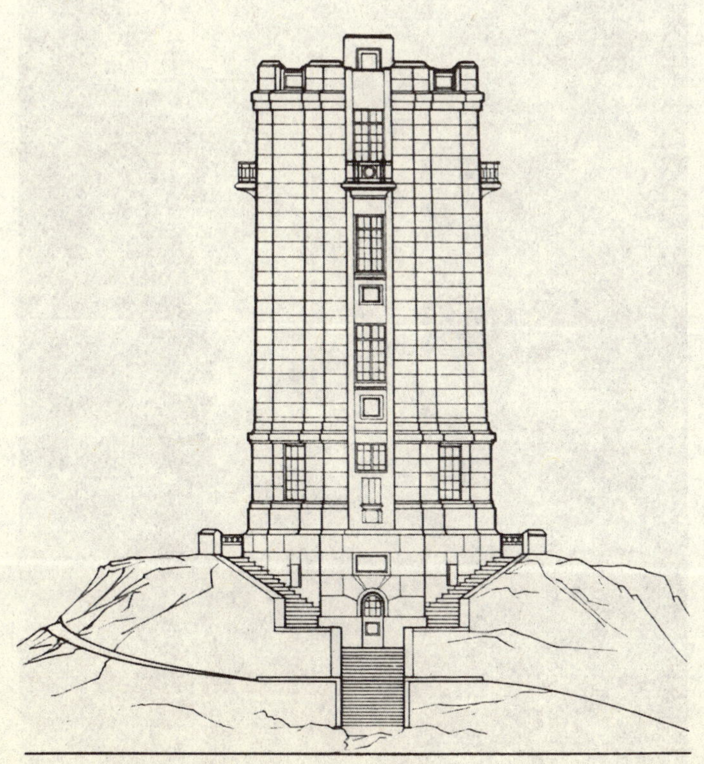

杨廷宝，清华大学气象台，北京，1930 年

杨廷宝，美丰银行，重庆，约1940年（？）

杨廷宝，招商局候船厅及办公楼，南京，1947年

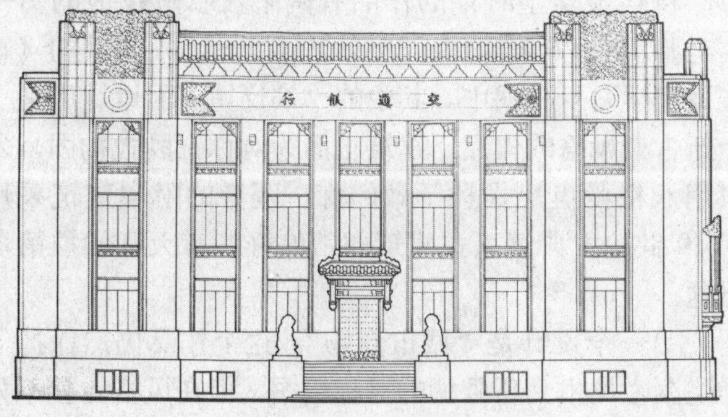

杨廷宝，东北大学图书馆，沈阳，1929 年

杨廷宝，清华大学图书馆，北京，1930 年

杨廷宝，北京交通银行，北京，1930 年

杨廷宝，和平宾馆，北京，1951 年

以清华大学图书馆为代表的罗曼式（Romanesque ）和意大利式（ Italianate），以谭延闿墓园、刘湘墓园为代表的清代官式，以北京交通银行为代表的中国装饰艺术式，以及以新生俱乐部、廷晖馆、北京和平宾馆为代表的国际式（International Style）。前 7 种风格都是在杨廷宝留学的年代美国颇为盛行的建筑式样，正如杨廷宝在多年后回忆所说的："那个时期，新结构、新材料、新技术的运用迫使建筑师作出多种探索，Modern 建筑和仿古建筑交替进行，各种建筑思想、造型、形式都登台表演。所以我们设计图上学的样式，也是多样的。我曾用古典建筑形式、西班牙式、殖民地式，甚至高矗式式样探索建筑造型上的方案设计。"

杨廷宝学生时期的作品有两个被收录在他的另一位老师约翰•F. 哈伯森（John F.Harbeson）编著的《建筑设计学习》一书中。其中的"殡仪馆立面设计"是一个新古典风格的作品，建筑正面为对称三段式构图，入口用八根爱奥尼式柱子做门廊，两旁的附属建筑采用了 19 世纪古典复兴式建筑非常偏好的意大利帕拉第奥母题。

另一个设计是"城市商场"。这个作品仍然保持了学院派古典主义所强调的对称构图，但在风格上就不如

“殡仪馆立面设计”那么纯正，表现出杨廷宝折中不同风格要素的技巧。在这栋建筑的轴线正中有一个圆形平面的餐厅，采用的是西班牙式的直坡短檐屋顶及拱形窗。它背后的市场体量比较大，采用了摩登古典式的作法，将门廊柱式简化为窗间墙，但檐部不做女儿墙，用重檐坡顶与餐厅的西班牙式屋顶相呼应，同时利用重檐间的侧窗满足市场的采光需要。

“城市商场”的设计方法在后来杨廷宝的创作中大量采用，即以学院派的古典构图为基础组合多种风格的建筑语汇。1927 年他回国后主持设计的第一个工程“京奉铁路沈阳总站”是在摩登古典式的侧墙间用拱形中厅取代柱式门廊，突出车站建筑的功能和性格。1928 年他设计的天津基泰大楼在整体上颇具装饰艺术式的意味，而入口采用的则是古典的帕拉第奥母题。1928 年他设计的天津中国银行货栈，在转角部分的体形处理上是摩登艺术式的，但或许是出于实用的考虑而没有开这种风格常用的流线形长条窗。东北大学图书馆、化学馆入口的尖券、凸窗，以及齿形窗套的做法完全是都铎哥特式的，但山墙是装饰艺术式的，而不是高矗形。

杨廷宝学生时期的作品：殡仪馆立面设计

杨廷宝学生时期的作品：城市商场

杨廷宝，京奉铁路沈阳总站，沈阳，1927 年

杨廷宝，基泰大楼，天津，1928 年

杨廷宝，中国银行货栈，天津，1928 年

清华大学气象台、生物馆、明斋及图书馆扩建是杨廷宝早期作品中非常成熟的几件，它们在构图上比例非常和谐，尺度也很恰当。气象台是典型的摩登古典式作品。生物馆和明斋在构图上是古典三段式，入口中部是装饰艺术式的，红砖墙和白色水刷石（或剁斧石）的配置来自于都铎哥特式。图书馆的扩建沿用了原老馆的罗曼式圆拱及意大利式屋顶。

最能表现杨廷宝折中各种风格能力的作品要数他在1930年设计的北京交通银行。这栋建筑依旧是新古典的三段式，但对体积的表现已经是摩登古典式的了。正立面两端做装饰的方式是中国装饰艺术式的，东侧的入口上部用凸窗加以强调是都铎哥特式的。但所有这些外来风格都经过了中国化的处理，如入口两侧的石狮改西式的写实样式为中国传统样式，入口上部做垂花门，楣梁部分改做斗拱和琉璃瓦，装饰艺术风格常见的折线母题被中国建筑望柱上的云纹取代，凸窗也用中式栏杆的纹样做了装饰。

北京交通银行和同一时期另一栋具有中国装饰细部的建筑——东北大学体育场大门大概是杨廷宝探索民族风格新建筑的开始，它们的共同特点是在折中其他西方建筑语汇的基础上又添加了中国风格的装饰细部，这种手法在当时民族形式新建筑的创作中是一种很新的尝试。

20世纪三四十年代以后，杨廷宝为国民政府设计了一批清代官式的新建筑，如南京谭延闿墓园、外交部大楼方案、国民党中央党史史料陈列馆、中央研究院社会科学研究所、成都刘湘墓园、重庆林森墓园等。尽管有

杨廷宝，谭延闿墓园，南京，1931~1933年

人评价这些“他所探索的‘宫殿式建筑’，不论在建筑造型抑或在功能上，其成就高于同时代的外国建筑师”，但除了谭延闿墓园在总体布局上较有新意外，这些建筑在造型上的“高”不过是模仿得更准确，或复古得更彻底，已无原创性可言，它们甚至不如他早年设计的北京交通银行和后来设计的中山陵园音乐台更富有探索精神。

路易•康
1901~1974 年

现代主义传入中国后，杨廷宝也受到它的浸染。1944~1945 年他曾经访问美国，接触到赖特、萨里宁等现代建筑大师。1946 年他主持的南京国际联欢社扩建工程和新生俱乐部、成贤小筑、廷晖馆以及 1951 年设计的北京和平宾馆等建筑，功能合理，平面灵活，立面造型简洁，颇得现代主义的真谛。尤其是和平宾馆，不仅它的使用功能周到合理，而且与地段环境结合得也非常巧妙，交通线路顺畅，内外空间得体妥帖，甚至照顾到多功能使用的灵活性，立面设计也朴素大方，造价省、施工快，堪称中国现代建筑史上的经典之作。

然而，不知是学生时代就已养成的古典修养使他对平稳、对称构图的偏好已经成为一种难以割舍的情结，还是受到什么外界因素的掣肘，在同一时期他设计的南京资源委员会办公楼、中央研究院化学研究所、北京全国工商业联合会办公楼、百货大楼，以及稍后为南京大学、南京工学院（现东南大学）设计的一批教学楼和徐州淮海战役纪念塔等又都走回到上下左右各三段式的古典构图的老路上去。“折中”的设计方法也没有变，依然是中西古典结合，或做一些装饰艺术、摩登艺术式的简化。在南京华东航空学院（现南京航空航天大学）教学楼和南京工学院动力楼中，他甚至尝试将中式大屋顶与现代主义的自由平面相结合。但从总体上看，他的这些手法已经显得比较陈旧和贫乏了。

从 1951~1953 年，也就是在杨廷宝设计北京和平宾馆、北京全国工商业联合会办公楼、百货大楼、南京华东航空学院教学楼、南京大学东南楼等建筑的时候，年已半百的路易•康刚刚接到他的第一项重要工程委托——耶鲁大学艺术馆（Yale University Art Gallery）。

康在毕业后不像杨廷宝那么走运，能够加入一个颇有政界关系的大建筑事务所，并赶上很好的建设机会。他先去欧洲旅行和考察了几年，但回到美国时正赶上 1929 年的经济大萧条。此后的几年里，他一直在老师克芮的事务所里工作。1931 年他组织了一批失业的

路易•康，耶鲁大学不列颠艺术和研究中心，纽黑文，1969~1974 年

建筑师和工程师成立了“建筑研究小组”（Architectural Research Group）一同研究规划、住宅和其他问题。直到 1935 年康才独立开业，并先后在政府机构里担任住宅与规划的顾问建筑师。

康把握住了耶鲁大学艺术馆这一来之不易的创作机遇。关于这栋建筑的成功之处还是让我来引用《美国建筑师学会金奖》一书的评论：“在这栋建筑里，有他重要的思想的种子，如服务和被服务空间的分离，机械系统的整合，用结构限定空间，对材料明晰的使用。这些思想在他 1957~1961 年创作的费城理查德医学研究和实验楼（Richard Medical Research Laboratories）里得到了充分的表达，使他很快得到国际上的承认。”

路易•康，理查德医学研究和实验楼，费城，1957~1961 年

尽管康与杨廷宝一样同出于宾夕法尼亚大学这座美洲的巴黎美术学院，都受到过克芮教授的启蒙，但他们最终走上了不同的道路。康超越了学院派传统的束缚，对建筑获得了自己的独特理解，并作出了富有个性的创作。《美国建筑师学会金奖》一书称他“在三个方面与现代的建筑相关联，第一是学院派，从中他抓住了等级的感觉。第二是密斯和柯布所代表的欧洲现代主义，从中他抓住了无装饰建筑的严整、稳重与朴实，以及从结构导引出秩序的感觉。第三是路易•亨利•沙利文（Louis Henry Sullivan）和赖特的有机建筑的思想，这种思想超越了材料的功能主义，表达出建筑的内在本质。康愿从问题开始设计，这栋建筑自身想成为怎样，暗示着一种内在的本质。”

“在加利福尼亚的索克学院，康利用现浇混凝土塑性方面的丰富性在中心庭院创造了一个冥寂的空间；在孟加拉国的国民会议厅，他使得中心空间重新焕发活力；在新罕布什尔的菲利普•艾克斯特学院图书馆（Phillips Exeter Academy Library，1967~1972 年），他回答了一个人是如何在光的照耀下带书而来的问题；在得克萨斯的金贝尔艺术馆（Kimbell Art Museum，1966 年）和纽黑文耶鲁大学不列颠艺术和研究中心（Yale Center for British Art，1969~1974 年），康将对材料的巧妙使用与梁网有力地结合起来，创造了能够为绘画提供自然光的空间。”

美国著名建筑史家文森特• J. 斯卡利（Vincent J. Scully）说：“没有人像他一样设计出这样多的光，这是一束来自丰富的想象力和活跃的心灵的实实在在的光。”

康在晚年的成功得到了国际上的公认。《美国建筑大百科全书》说：“尽管他仅仅设计了 100 多栋建筑，而且其中许多并未建成，但康仍是 20 世纪最著名和最有影响的建筑师之一。”康在晚年获得了 7 个名誉博士称号，举办了多次作品展，入选国家文学和艺术院、瑞典皇家艺术学院、美国科学与艺术学院、英国皇家艺术学会。1971 年是他事业的光辉顶点，6 月 24 日美国建筑师学会在底特律科伯大楼的大厅里为他颁发了金质奖章，次年英国皇家建筑师学会也授予他金奖。美国建筑师学会对他的评价是：“建筑师、教育家，他通过自己的设计和教学在自己专业的最高传统上成为形的给予者（form giver）。他像柯布西耶、密斯•凡德罗和格罗皮乌斯影响他们时代的建筑人一样影响了自己的同代者。他始终不渝地努力在自己的作品中抓住建筑所需服务于人们的本质的特性，也就是他要在建筑中抓住即将发生于其中的生活的本质。”

1974 年 3 月 17 日，辛劳的康在从孟加拉国的建筑现场返回费城的途中，因心脏病发作倒在了纽约火车站的厕所里，两天之后才被人们发现。此时他的绝世之笔——耶鲁大学不列颠艺术中心——尚未完工。

康逝世 6 年后，杨廷宝设计的南京雨花台红领巾广场落成了，这也是他的最后一个实施方案，其中少先队礼台的设计构思来源于中国古代的牌楼。

纵观杨廷宝的创作，人们不难看出，他是一位有着精湛的专业素养的建筑师，他善于按照业主的要求和现实的条件做出妥帖的设计，他的作品具有严谨细致、平稳持重的个性，但是从建筑历史的角度看，他没能创造出既有鲜明的个人风格，又有强烈的时代特点的作品。

路易·康，菲利普·艾克斯特学院图书馆，新罕布什尔，1967~1972 年

杨廷宝，雨花台红领巾广场，南京，1980 年

他是一个形的继承者、折中者，而没能成为一个“给予者”。

1990 年，《宾夕法尼亚大学艺术学院 100 周年》一书在谈到当年的竞赛与获奖时引用了一项调查，这是对早期获奖学生的调查。除了三位在自己的专业中又有所超越之外，余者都已默默无闻，甚至宾夕法尼亚大学的 8 位巴黎大奖、罗马大奖的得主们都没能再取得事业上的成功，该书最后说：“是他们已经被竞赛耗尽心智，还是他们过早地达到顶峰而再没有更高的目标能够吸引他们？有趣的是，那些没有赢得过任何重要奖项的人继续在建筑和规划方面取得成就，卡尔•费斯[1]（Carl Feiss，1907~1997 年）和路易•康在离开宾夕法尼亚大学时就什么奖牌也没有。”

这篇“文本”式的分析结束了，我却丝毫没有“有趣”的感觉。我为杨廷宝没能超越学院派的传统而达到建筑创作的新境界，没有从一个才华出众的学生变成为一位建筑新潮流的开拓者而使中国建筑走向世界感到遗憾。我不能不问，是什么原因造成了这种历史的遗憾呢？早期的学院派教育塑造成的建筑师的思维定式固然是原因之一，但我们似乎还应该追问社会对建筑师的创造力又有怎样的影响。1927 年，杨廷宝回国后，他就脱离了美国建筑正向现代主义发展的轨道，在取而代之的创作环境中，业主的好恶高于建筑师的审美，官方的意识形态要求高于建筑的专业标准，民族形式的价值取向高于对个人创作风格的探求，“继承传统”的呼声高于“创造未来”的呐喊，还有，相对于发达国家当时中国还很落后的经济条件……面对杨廷宝的遗憾，我们显然有必要再去对这种社会的“文脉”做进一步的反思。

1 卡尔•费斯，美国城市保护运动的先驱。

参考文献

1 *Chinese Student Gets High Honor*, *The Evening Bullietin*, Philladelphia, 1925.2. 9.

2 南京工学院建筑研究所编，《杨廷宝建筑设计作品集》，北京：中国建筑工业出版社，1983 年。

3 Wilson, Richard Guy, *The AIA Gold Medal*, McGraw-Hill Book Company, 1984,162-163.

4 Strong, Ann,*The Book of The School :100 Years:The Graduate School of Fine Arts of The University of Pennsylvania*, University of Pennsylvania Press, 1990.

5 Packard, Robert, *Encyclopedia of American Architecture*, McGraw-Hill Inc., 1995.

6 Harbeson, John F. *The Study of Architectural Design*, The Pencil Points Press, Inc., 1926.

7 齐康记述，《杨廷宝谈建筑》，北京：中国建筑工业出版社，1991 年。

四、继承与创新

7 建筑中的创新：从三位美国本土生建筑师说起

8 美国高层建筑的发展与纽约四季旅馆

7

建筑中的创新：从三位美国本土生建筑师说起

去年深秋时节，我去波士顿参观那里的建筑。第一件事自然是先买一本美国建筑师学会编的《波士顿建筑导游》。书挺厚，对波士顿大大小小的重点建筑都有详细的介绍。图片也很多，使人可以按图索骥。但翻了一遍，只看到一张建筑师肖像，是个胡须满颊、体型肥硕的人，再一看名字，是亨利•霍布森•理查德森 (Henry Hobson Richardson，1838~1886 年)。在国内曾经学习过外国近现代建筑史，现代著名的建筑大师的名字知道得不算太少，但理查德森，只隐约记得教科书在讲到芝加哥学派的高层建筑时曾经提到过他，但据说他不是芝加哥学派的代表，他用砖石做承重结构的手法正是芝加哥学派所反对的。可是，偏偏只有他的肖像和设计手稿被收录在

原载《读书》，1997 年 9 月。

亨利•霍布森•理查德森

这本美国建筑师学会的权威建筑介绍书中，似乎对他的重视程度要高于其他那些名重四海的大师，这使我感到很是奇怪。赶紧查书，才知道自己有眼不识泰山。原来理查德森在美国建筑史上的地位并不亚于路易•沙利文和弗兰克•劳埃德•赖特，他们一起被称作是“三位最伟大的美国本土生建筑师”。

理查德森生于1838年，21岁时毕业于哈佛大学的土木工程专业，之后去法国巴黎留学，成为巴黎美术学院的第二位美国学生。1865年回到美国，开始了自己的建筑师生涯。1886年因病逝世，年仅47岁。

大家知道，美国是一个以欧洲移民为主的国家，它的文化也受到欧洲，特别是英国和法国的影响。在理查德森生活的时代，美国流行着很多种外来的建筑式样，如英国维多利亚哥特式、维多利亚意大利式、罗曼式、安妮女王式、法国第二帝国式、府邸式等（Victorian Gothic, Victorian Italianate, Romanesque, Queen Anne Style, Second Empire Style, Chateau Style）。然而，理查德森却在自己仅仅20年的建筑师生涯中，将外来的罗曼式变成了既富有他个人特色，又不失建筑逻辑的新形式，为美国的建筑史留下了一个独立的篇章，即以他的名字命名的“理查德森罗曼式”(Richardson Romanesque)。《美国建筑大百科全书》称：“这是折中时代的建筑中第一个由一位美国建筑师探索成功，而不是从欧洲的建筑师那里照搬过来的一种风格。”

罗曼式原是欧洲中世纪早于哥特式的一种建筑风格，主要的特征是采用半圆拱做门窗发券和墙面的装饰。在19世纪那个建筑的折中主义时代，这种建筑形式和其他许多种建筑的历史形式一样重新“复兴”。

理查德森早期的作品是维多利亚哥特式的。从1870年以后他开始了对罗曼式的探索，一直到他去世之前，在欧洲治病期间，他都在搜集罗曼式建筑的照片。他的成名作是1877年为波士顿设计的三一教堂（Trinity Church）。这是第一个充分表现他的新罗曼风格特征的作品，建筑的外立面用毛石，显得非常雄浑厚实，窗洞很深，表现出建筑的体积感，柱子细小，半圆券得到夸张和强调。这件作品在1885年被美国建筑界评选为美国最佳建筑。

在19世纪的大部分时间里，美国建筑曾一直被欧洲视为“浪费土地”和“对英法当下建筑苍白的模仿”。

理查德森，三一教堂，波士顿，1872 年

理查德森，马歇尔·菲尔德批发商场，芝加哥，1887 年建成，1930 年拆除

理查德森的创作使他成为第一位受到欧洲建筑界重视的美国建筑师。1888 年，在他故去 2 年后，英国皇家建筑师学会在讨论皇家金奖的候选人时，主席曾不无遗憾地说，理查德森的死“阻碍了他的名字进入有资格获得皇家金奖的人名单之中”。但是，历史却没有忘记这位创造者。他的新罗曼式风格和独特的建筑语言在他身后被许多建筑师采用，并继续得到发展。其中最重要的人物还要说是路易•沙利文和弗兰克•劳埃德•赖特。

路易•亨利•沙利文
1856~1924 年

路易•沙利文比理查德森小 18 岁。1889 年，他设计了著名的芝加哥大礼堂，这时候理查德森已故去 3 年，他的马歇尔•菲尔德批发商场刚刚落成。沙利文大量借鉴了理查德森的手法，大礼堂立面四层以上部分几乎就

沙利文，芝加哥大礼堂，芝加哥，1889 年

沙利文，芝加哥股票交易市场，芝加哥，1893 年建成，1972 年拆除

幸存的芝加哥股票交易市场入口及图案陶砖饰面

是马歇尔•菲尔德批发商场的照搬，体形平直，并通过深凹的窗洞显现出厚重的体量，底部三层的外表用的是毛块石，入口开理查德森罗曼式的半圆券。在此后的许多建筑设计中，沙利文继续采用了这一母题，但已显现出自己的设计风格，最明显的就是他大量用砖和自己设计的图案陶砖做建筑材料。他的作品不再像理查德森的

作品那样粗犷，而将 19 世纪末、20 世纪初新艺术运动装饰风格的典雅和精致表现得十分充分。

由于沙利文在芝加哥世界博览会上的杰出设计，法国装饰艺术中心联盟在 1894 年授予他金、银、铜三种奖牌。联盟的一位委员认为，博览会大多数的建筑都是仿制品，只有沙利文设计的世界博览会火车站是“成功的和原创的”，“它具有欧洲建筑所没有的特殊品质”。

当然，仅仅说沙利文对理查德森罗曼式的继承与发展是不足以全面认识这位现代建筑的先驱的，历史让沙利文降生在现代建筑发生的前夜，在他的名字背后是芝加哥学派的高层建筑探索和“形式服从功能”的现代主义理念。

沙利文，芝加哥世界博览会交通馆，芝加哥，1893~1894 年

沙利文，维恩•莱特大楼，圣•路易斯，1890~1891 年

在设计完芝加哥大礼堂之后，沙利文便开始探索新的高层建筑形式。起初他求诸古典的手法。在他 1890 年设计的圣•路易斯的维恩•莱特大楼（Wain Wright Bldg.）中，底部两层对应的是古典柱式的基座，中部七层则是柱身，其中窗下墙退后于窗间墙（壁柱），在立面上形成仿佛柱式凹槽的竖向划分，顶层用图案繁冗的陶砖做外饰材料，并做檐板封顶，使人联想到柱头。这种柱式般的构图在他设计的一连串“大楼”和其他一些未实施的方案中继续得到采用。

但是沙利文大概意识到了这种构图的不合理之处，他在实践中对其不断地加以改进。1904 年，他设计的芝加哥卡森•皮里•斯各特百货公司大厦，宽大的窗户和细

沙利文，卡森·皮里·斯各特百货公司大厦，芝加哥，1904 年

沙利文墓，Graceland Cemetery，芝加哥

窄的窗间柱完全是框架结构的显露。这栋建筑被史家们公认为沙利文最好也是最具现代化意味的作品，充分体现了他“形式服从功能”的建筑哲学。

1944 年，美国建筑师学会授予沙利文金质奖章。但遗憾的是，这种理解和承认来得太晚了。沙利文的后半生极其失意潦倒。家庭破裂，事务所解体，更主要的是 1893 年以后，学院派古典主义在美国开始盛行，他的设计受到冷落，昔日芝加哥学派的许多同道也都纷纷改旗易帜，转入学院派的阵营。1924 年 4 月，沙利文在一家三等旅店中孤寂地死去，那正是芝加哥风寒雨冷的季节。

然而，有一个人一生都在感念着沙利文，并尊敬地称他作“师傅”，他就是弗兰克•劳埃德•赖特。

弗兰克•劳埃德•赖特
1867~1959 年

赖特在 1886~1892 年间为沙利文的事务所工作，参加了许多建筑的设计。他和沙利文之间的关系曾像父子一样的亲密，他们经常在工作之后，坐在芝加哥大礼堂高塔顶层的事务所里，俯瞰着城市明亮的灯火和密歇根湖浩瀚的水面，聊至夜深。对于赖特，大概没有人比沙利文对他的影响更大。

就像任何天才在孩提时期的哭声和别的婴儿并无不同一样，赖特最早期的设计也没有什么特别之处，大多是当时美国极为流行的建筑式样。他在 1889~1911 年建造的自宅和工作室中采用了沙利文式的图案陶板，表现出对沙利文装饰风格的追摹。不过，沙利文对于赖特的影响并不止于此，而是更深层次的设计方法和设计思想。

《弗兰克•劳埃德•赖特：介于原则与形式之间》（*Frank Lloyd Wright: Between Principles and Form*）一书［保尔•拉瑟和詹姆斯•泰斯 (Paul Laseau, James Tice）著］认为，赖特的唯一教堂（Unity Temple）的设计过程与沙利文生成图案的过程明显地极为相似，“赖特在做设计处理不同尺度层次的问题时，都用与此相似的方法，以保持它们在艺术上的统一性。我们相信，赖特构思和发展他的建筑时，主要是通过对形的开发，他用以几何形为基础的布局体系使他的建筑具有必要的灵活性以适应并完善功能要求。他的建筑的品质来自他对形式和功能双方面深入和周密的理解。”

1893 年，赖特离开沙利文事务所，开始了自己的独立业务，也开始了他自己建筑道路的探索。在新的世纪开始之际，他的个人风格初步形成了，人们把以他为代表的一批建筑师统称为“草原学派”(Prairie School)，他们的住宅作品被称为“草原住宅”。这种崭新的住宅内部空间互相渗透流通，打破了隔断墙造成的封闭感，外观舒展平缓，出檐深远，平台、阳台、门道或入口侧围都有平伸的矮墙，窗户排列成水平的采光带，有时延续至墙的转角，外墙通常在白灰底色上用深色的木条装饰，或在砖墙上砌放顶板。这些处理加强了建筑在水平方向的延伸效果，仿佛大地、草原舒展平缓的韵律的固化。

伴随着这种新的建筑形式，一种新的装饰风格也产生了。沙利文的装饰特点是自然的植物纹样和繁冗的曲线，与他在建筑上追求的几何感和简洁效果并不协调，赖特的装饰设计则是纯几何体——点、线、面、方、圆、菱形的排列组合，完全是他总体设计思想的深入。

在继承并超越沙利文的同时，赖特也继承并超越了理查德森。最明显的例证就是他对理查德森罗曼式拱所做的崭新诠释。在 1901 年设计的弗兰克•托马斯住宅、1902 年设计的阿瑟•赫尤特里住宅和 1944 年设计的 V.C. 莫里斯礼品商店（V.C. Morris Gift Shop）等建筑上，他都采用了这一母题。前一例是在白灰的墙面上用木做拱券，后两例全部采用砖券。尤其是礼品商店的入口拱形完全仿自理查德森的约翰•格里斯纳住宅（John J. Glessner House），但赖特改换了材料，又对立面的构图、虚实、肌理做了精心的设计，使它不仅具有崭新的时代感，也带上了赖特的个人风格。

赖特，自宅，橡树园，芝加哥

赖特，弗兰克•托马斯住宅，橡树园，芝加哥，1901 年

赖特，赫尤特里住宅，橡树园，芝加哥，1902 年

赖特在 1904~1906 年完成唯一教堂和罗比住宅（Robie House）之后，他的个人风格就已经成熟，并奠定了他在美国建筑史上的地位。1910 年，德国出版了一本精美的赖特建筑作品集和一本关于他的建筑的书，这不仅是赖特本人的成功，也是美国建筑在国际上的重要性得到承认的又一标志。然而，他并没有固步自封，停步不前。对于他一生的创作来说，这些只不过是一个开端。此后他一系列的不朽之作，如约翰逊制蜡公司大楼[1]、流水别墅[2]、尤森尼住宅[3]、西塔里埃森[4]、古根海姆博物馆[5]，

1 约翰逊制蜡公司大楼，Johnson Wax Headquarters，Racine，威斯康辛州，1936 年。

2 流水别墅，Fallwater，Bear Run，宾夕法尼亚州，1939 年。

3 尤森尼住宅，1939 年，尤森尼，Usonia，意为“美国式”。

4 西塔里埃森，Taliesin West，亚里桑那州，1938~1959 年。

5 古根海姆博物馆，Solomon R. Guggenheim Museum，纽约，1959 年。

等等，又在不断地向人们昭示着这位天才的大师一生从未停歇的奋斗和超越。他既超越了前人，也超越了自我。

《美国建筑师学会金奖》一书评价他说："赖特是尝试创造一种美国的建筑的最好代表。""赖特的杰出成就在于，他创造了一种全套的建筑表述方式，而却没有直接参照任何历史程式。他将各种建筑传统的复杂体同化、改造，又将它们转变成一种统一的语言，令人叹为观止。"

1949 年美国建筑师学会授予赖特金奖。人们把他比作那位从奥林匹斯山上给人类盗取了火种的勇士普罗米修斯，称赞他说："赖特改变了人们的思想，全世界的人们认识到建筑内在的美来自需要，来自土地，来自材料的本性，他过去是，现在也是促成人们这一认识的强大动力……赖特点燃了人们的心灵。今天崛起的一代热情的建筑师就是他的活的丰碑。他用语言和作品给予他们实现建筑理想的勇气，这些建筑师正在领导我们这个职业和他们自身，为创造秩序和美而奉献。他们不是做模仿者，而是做真理的侍卫者。"

赖特一生创作了 500 多件作品，建成了 300 多件。他于 1959 年去世，享年 92 岁，被后人称为现代建筑运动的四大师之一，与德国的格罗皮乌斯、密斯•凡德罗和法国的柯布西耶齐名。

从理查德森到赖特，美国建筑经历了三代人。对于美国建筑师来说，这是摆脱因袭欧洲风格，赶超世界先进水平的一场接力赛。理查德森、沙利文、赖特跑得最快，因此他们被称作是"三位最伟大的美国本土生建筑师"。

其实，美国人创造自己的建筑的愿望并非始自理查德森时代。早在摆脱英国的控制，获得独立地位的初期，杰弗逊总统，就是一位杰出的建筑家，曾试图借鉴古罗马的传统，建造能够表达共和理想的建筑。这样说来，美国从 1776 年独立开始，到 1888 年理查德森获得欧洲建筑界的好评，其间经过了 112 年。

英国著名的建筑史家巴尼斯特•弗莱彻爵士 (Sir Banister Fletcher) 在他的《比较法建筑史》(A History of Architecture on the Comparative Method) 一书中曾绘制过一幅"建筑之树"图谱。它的主干是希腊、罗马和罗曼建筑，其他中世纪的、文艺复兴的以及以后的各国建筑是它繁茂的枝叶，主干的最上端是美国的现代建筑，显然他已承认美国建筑是西方建筑体系的嫡传和新的代表。而别的非欧洲体系的建筑则被画在早于或低于希腊的几个分枝上，包括中国和日本。这张图带有强烈的欧洲中心论的色彩，受到很多批评，所以在该书后来的版本（共有19版）中已被删除。虽然如此，对中国建筑的反思仍很必要。从造型角度去看，中国建筑直到19世纪还只是用屋顶、柱廊、基座作为基本造型要素，与2500年前的希腊建筑差不多。而用木梁柱的结构施工技术始终远逊于希腊罗马当年的石梁柱、拱券以及混凝土。

自从西学东渐以来，中国建筑师也想走出具有民族特色的建筑之路，"融合东西方建筑学之特长，以发扬吾国建筑固有之色彩"（1932年中国建筑师学会会长赵深语）。很多人试图用"嫁接"中国传统形式与西方的结构技术和构图法则的办法创造新的建筑。然而，困守"千年一律"的固有建筑语汇到底比不过地球那半边2000多年来从没有停止过的花样翻新。如今日本已经赶上去了，1966年丹下健三就获得了美国建筑师学会的金奖，接着又有槙文彦和安藤忠雄。从明治维新后的1872年创办现代意义的"造家学科"（建筑系）开始，日本花了94年。那是全方位吸收和大踏步创新的结果。

中国是在1902年引入"建筑学"的概念的，到如今已经过了95年……

子曰："君子病无能焉，不病人之不己知也。"

"中国队，加油！"

主要参考文献

1. Sothworth, Sasan &Michael, *A.I.A Guide to Boston*, The Globe Pequot Press, 1984.

2. Packard, Robert T., *Encyclopedia of American Architecture*, McGraw-Hill, Inc. 1995.

3. Wilson, Richard Guy, *The AIA Gold Medal*, McGraw-Hill Book Company, 1984.

4. Whiffen, Marcus, *American Architecture, Since 1780*, The M.I.T. Press, 1969.

5. Blumenson, John J.-G., *Identifying American Architecrue*, American Association for State and Local History, 1981.

6. Wright, Frank Lloyd, *An Autobiography*, Duell, Sloan and Pearce, 1943.

7. Laseau, Paul + Tice, James, *Frank Lyold Wright, Between Principle and Form*, Van Nostrand Reinhold, 1992.

8

美国高层建筑的发展与纽约四季旅馆

摘要

历史上英国和法国对美国的建筑发展起到过重要作用。19 世纪这两个国家流行的哥特复兴和古典复兴不仅影响到 19 世纪和 20 世纪初的美国现代建筑，也影响到当代的摩天大楼。贝聿铭设计的纽约四季旅馆就是哥特建筑意象的再现。

1993年6月，贝聿铭退休前设计的最后一件作品——纽约四季旅馆（The Four Seasons Hotel）落成了。它坐落在纽约最繁华的商业与金融地段——曼哈顿 57 街和公园大道与麦迪逊大道之间的街坊上（图 1、图 2）。由菲利普•约翰逊（Philip Johnson，1906~2005 年）设计的美国电报电话公司（AT&T）总部大楼（现 SONY 公司大楼）与它仅隔一个街坊，就在 55 街和 56 街之间的麦迪逊大道边上。15 年前，当 AT&T 大楼的设计方案呈现在世人面前的时候，曾经在建筑界引起不小的轰动。“这个花岗岩外表的‘怪物’把纽约开发商的市场转了个方向，玻璃的现代派被石材的后现代派所取代，建筑的外轮廓也成了追求奇特一族的戏耍。”[1] 那一年，约翰逊 72 岁。这位阔少出身的建筑师“少年不识愁滋味”，在大学时就曾模仿密斯•凡德罗的范斯沃斯住宅（Farnsworth House）给自己设计了一个钢和玻璃的盒子。几十年过去了，他已成了现代主义的代表人物，设计过不少名作，写过鼓吹“国际式”的书，当过纽约现代艺术馆的建筑部主任。但在“随心所欲不逾矩”的年龄，他又显现出“票

1 Willensky, Elliot, *AIA Guide to New York City*, A Harvest Book Harcourt Brace & Company,1988.

原载《世界建筑》，1997 年 2 期。

贝聿铭

友”和“玩家”的天性，像一个爱恶作剧的老顽童，给了世人一个惊诧，同时也给他的时代的建筑添进了一份对历史的思考。而他本人则从现代主义的先锋一变而成为后现代主义的旗手，招来不少的追随者。

贝聿铭比约翰逊小11岁，年轻时也曾是一位密斯的崇拜者。他在哈佛大学的毕业设计“上海美术馆”就是密斯风格的。在他建筑师生涯的40多年中，一直秉承现代建筑的原则，追求简洁、合理、秩序，以及技术上的现代性。如今，在他垂暮之年，不知是商业上时尚的驱使，还是情感中怀旧的流露，在四季旅馆的设计上，他也一反过去多年的做法，表现出少有的对历史的亲和。

AT&T大楼底部是模仿文艺复兴时期的建筑巨匠伯鲁乃列斯基设计的巴齐礼拜堂（Chapel of the Pazzi family）的入口（图3），楼顶部分是模仿巴洛克风格的“破山花”。如果说约翰逊在这里使用的建筑语言是古典体系的，那么贝聿铭的四季旅馆给人的则是哥特风格的联想。例如，高耸纤细的体型，收束的塔楼顶，在体块转角处仿佛扶壁的45°护角，以及南北两个立面上仿佛玫瑰窗的圆形窗洞。

历史上大概没有哪一种类型的建筑像摩天楼那样引发人们这么多的思考，其中有经济的、技术的、美学

图1 纽约四季旅馆外观

图2 纽约四季旅馆入口

的、社会的，甚至还有环境的。以玻璃幕墙的摩天楼为例，半英寸厚平板玻璃的散热比夹有绝缘材料的石墙大10倍。20世纪70年代石油危机之后，人们开始反思建筑的节能问题，相应地美国颁布了有关建筑节能的法规，把建筑的能耗计算看作是与结构计算同样重要的工作程序。按照法规，建筑的能耗得到控制，开窗大小也受到限制。[2]新的创作条件带来新的创作结果，AT&T大楼式的石材小窗外表可以说就是对策之一。然而，社会文化对建筑的影响有时会比技术因素更加深刻。AT&T大楼历史复兴的外表也反映了70年代以后美国部分社会心理对科学技术的贬抑和对历史文化的褒扬。[3]

2 1996年5月访问美国建筑师学会会员杨德昭。

3 参阅吴焕加《建筑风尚与社会文化心理》，《世界建筑》，1996年3、4期。

约翰逊所用的古典话语和贝聿铭所用的哥特象征分别代表了美国建筑传统中最深厚的两种情愫。古典与哥特本来是西方建筑史上最主要的两支流派。18世纪，当法国和英国的移民漂洋过海，登上美洲大陆后，他们便在这块土地上播下各自国家里盛行的古典复兴和浪漫主义的建筑种子。古典复兴的建筑多用希腊、罗马和文艺复兴的建筑语汇，表现严整、规矩和理性；浪漫主义的建筑则多用中世纪的各种风格，以哥特式为主，喜欢自由、活泼和变化。19世纪，古典复兴被法国巴黎美术学院发扬光大，而浪漫主义也得到了英国维多利亚时代的

图3 约翰逊，AT&T总部大楼入口，纽约，1984年

雨露滋润。20 世纪之前，在美国各种类型的建筑中属于这两种体系的最多。

芝加哥学派早期的摩天楼是例外之一。人们常说“时势造英雄”，1871 年的一场大火焚毁了芝加哥的市中心区，近 2 万栋建筑化为灰烬，9 万人无家可归。大火过后，芝加哥立刻成为工程师和建筑师们的大舞台。现在他们要和房地产商们携手，一起去争夺天赐的发财良机。就像当年英国的工程师帕克斯顿临危受命，用钢和玻璃建造的“大温室”水晶宫解决了伦敦世界博览会的燃眉之急一样，这回又轮到工程师们大显身手。他们知道用钢做结构，知道用升降机解决垂直交通问题，他们不会去为房子用什么风格的外表多费脑子。房地产商要在有限的地皮上用最快速度建起最多的使用空间，工程师帮他们实现了（图 4）。这是利益的驱动，不需要什么美学，也不靠什么理想。虽然学派的主将沙利文曾说：“形式服从功能”，但在他本人的作品上仍是极尽装饰之能事，说明他从骨子里并不买工程师们的账。因为没有什么现成的标签可戴，所以最初由功能决定外形的摩天楼便被称作是“商业风格”（Commercial Style），直到 20 世纪六七十年后，现代主义的理论家西格佛里德•吉提翁

图 4 William Le Baron Jenney, Second Leiter Bldg. 芝加哥，1891 年

（Sigfried Giedion，1888~1968 年）才回过头来总结出它们曾经孕育过的现代主义美学理念。[4]

4 参阅 Bluestone, Daniel, *Constructing Chicago*,Yale University Press, 1991, p.105.

就像当初亚当、夏娃赤身裸体并非是因为懂得欣赏人体美，突然知道羞耻二字便赶忙披挂上几片树叶一样，美国人也曾经耻于那种商业风格的“裸体建筑”。所以在 1893 年的芝加哥世界博览会后，他们便发起“城市美化运动”（City Beautiful Movement）为建筑物着装打扮，甚至摩天楼也都被披上古典复兴、哥特复兴或其他历史风格的外衣。虽说美国的建筑在 19 世纪大部分时间里都被欧洲人讥笑为“苍白的模仿”和“浪费土地”，在芝加哥世界博览会上，只有沙利文设计的交通馆被称赞为具有原创性[5]，但在美国，他却不入新的潮流。博览会后他的事务所解体，他本人也在 1924 年孤寂而潦倒地死去。学派的其他一些著名成员如丹尼尔• H. 伯纳姆（Daniel H. Burnham）、霍拉伯德和鲁特（Holabird & Root）也不再恪守学派已经形成的模式，转向装饰和历史风格，其中包括设计具有古典或哥特风格的摩天楼（图 5、图 6）。

5 参阅 Wilson, Richard Guy,*The AIA Gold Medal*, McGraw-Hill Book Company, 1984, p.19.

布鲁诺•载维（Bruno Zevi）曾说哥特文化中的结构框架、透明度、动态线条、垂直向上等特征吸引着

图 5 伯纳姆，芝加哥人民燃气公司大楼（People's Gas Bldg.），1910 年

图 6 霍拉伯德和鲁特，芝加哥大学校俱乐部（University Club），1908 年

现代艺术家（见《现代建筑语言》），这些特征正适于高层建筑的设计，所以在 20 世纪初美国大量的摩天楼上都可以看出它的影响，其中著名的有纽约的渥尔沃斯大楼（Woolworth Bldg.,1913 年，Cass Gilbert）和芝加哥论坛报大楼（图 7）。后者是雷蒙德• M. 胡德（Raymond M. Hood）在 1922 年竞赛获奖作品，这一胜利使一直默默无闻的他在 41 岁时一下名声大噪。虽然从历史上看，这件作品并没有什么先进的意义，相反，因为它击败了现代主义者萨里宁和格罗皮乌斯的方案而被现代建筑史家们当作一个和日内瓦国际联盟总部一样的“反动”角色，但当时人们对这种风格的青睐却是显而易见的。

胡德还有一件非常著名的作品，即在 1932~1940 年与另外两个著名建筑事务所 Reinhard 和 Hofmeister，以及 Corbett, Harrison 和 MacMurray 合做的装饰艺术风格的纽约洛克菲勒中心（Rockefeller Ctr.）。

装饰艺术风格在 20 世纪 20 年代末从法国传入美国，这种风格非常强调线条的表现力和体块的错落，与哥特风格颇有共通之处，因而也有人称之为“新哥特式”[6]。事实上，不少装饰艺术风格的建筑就是由哥特风格简化和抽象而来的。纽约最著名的装饰艺术风格的摩天楼当数帝国大厦（Empire State Bldg., 1931 年，Shreve, Lamb

6　郑国英等编，《美国高层建筑》，哈尔滨：黑龙江科学技术出版社，1992 年，第 68 页。

图 7　雷蒙德• M. 胡德，芝加哥论坛报大楼，芝加哥，1922 年

图 8　William Van Alen，克莱斯勒大厦，纽约，1928~1930 年

图9 张力结构摩天楼模型(当代设计科学展览)

& Harmon）和克莱斯勒大厦（Chrysler Bldg., 1928~1930年，William Van Alen）（图 8）。这两栋建筑的尖顶饰至今仍是纽约众多摩天大楼中最引人注目的。

20 世纪 40 年代以后，在现代主义的引导下，高层建筑无论在技术上还是在设计手法上都获得了前所未有的巨大发展。在这个时期里，钢、玻璃、混凝土成为主要的材料，简洁而又无限多样的几何体是造型的基础，在色彩上大多数建筑单一而纯净。终于在 80 年代以后，当这些手法已成为固定的模式时，人们便对建筑的表现力提出了新的要求。一些人继承了帕克斯顿的方式，把建筑创作当作一种理性的设计科学，向高技术的方向挺进；（图 9）一些人坚持现代主义的理念，但在局部上保持简洁单一的同时，又在整体上追求丰富和变化，以使建筑的意象具有多种层次；还有一些人则转向历史的经验寻求借鉴。

除了仿文艺复兴的AT&T大楼之外，约翰逊还设计了芝加哥拉萨尔大街南190号大厦（190 S. La Salle St.），它模仿伯纳姆和鲁特在1892年设计的卡匹托大厦（The Capitol），屋顶山花是哥特式的，他设计的休斯敦联邦金融中心大厦也是仿哥特式的。在芝加哥，凯文•罗奇（Kaven Roche）设计的列奥•波奈特大楼（Leo Burnett Bldg.，1989年）和里卡德•博菲利（Ricard Bofill）设计的唐纳利中心（R.R.Donnelley Center, 1992年）是借鉴古典风格的（图10）。SOM事务所设计的NBC大楼是仿装饰艺术风格的，列奥波等人（Leobl, Schlossman & Hackl）设计的第二普天寿大厦（Two Prudential Plaza，1990年）（图11）和赫尔穆特•扬（Helmut Jahn）设计的费城第一自由广场大厦（One Liberty Place，1987年）也是仿装饰艺术风格的，它们的蓝本都是纽约的克莱斯勒大厦。KPF事务所在20世纪80年代设计的纽约ABC总部大楼和第55街70号大楼具有三段式的古典意味，而在1990年为芝加哥设计的瓦克大道南311号大楼（图12）则或多或少让人联想到芝加哥论坛报大楼。与那些折中主义建筑不同的是，这些名作对历史题材的借鉴并非简单地模仿，人们所见更多的是建筑师在历史的基础上对材料、色彩、质感和形体的再创造，正像美国著名建筑评论家戈德伯格（Paul Goldberge）曾经指出的："是在建筑师自己的时尚中重新解释历史。"[7]

7　潘祖尧、杨永生主编，《比较与差距》，天津：天津科学技术出版社，1997年。

图10　芝加哥唐纳利中心

图11　芝加哥第二普天寿大厦

图 12　瓦克大道南 311 号大厦，芝加哥

在贝聿铭设计的四季旅馆里，人们同样可以感受到许多“建筑师自己的时尚”。

四季旅馆西邻是富勒大楼（Fuller Bldg.，1929 年，Walker & Gillette），它也是一栋著名的装饰艺术风格的作品，那层层叠落的体块突出了建筑高耸的特点，这是当时装饰艺术风格建筑的典型处理手法，在城市设计上也有利于缓解街道空间的封闭压抑之感。四季旅馆的体形与它相似，但在立面上再现出哥特风格的意象。有别于哥特和装饰艺术风格的是，贝聿铭在总体上着重表现建筑的体积感（图 2），块面之间的 45° 转角处理和窗户分格之间的凹凸都有这种效果，体现出他对建筑的一贯追求。在材料上他选用淡黄色的法国石灰石，与他设计的华盛顿国家美术馆东馆一样，外观非常纯净，绝没有用锃亮的不锈钢与华丽的大理石那种令人目眩的商业色彩。

另一处具有贝聿铭个人风格特点的设计是采光中庭。光庭是贝聿铭追求建筑与自然结合的重要手段。[8] 四季旅馆的光庭位于入口南北轴线与左右两侧休息厅轴线交汇处，是一个交通厅。由于建筑用地的逼仄，这个光庭已不可能达到像华盛顿国家美术馆东馆和北京香山饭店那种阳光明媚、树木葱郁的效果，但这里采用鹅黄色透光材料铺设的采光天棚仍给人一种空间开朗，阳光融融的愉悦（图 13）。

8 黄健敏著，《贝聿铭的世界》，台北：艺术家出版社，1995 年。

不应忽视的还有建筑中无处不在的细部设计，如灯具、电梯入口、墙面石材分缝和台阶线角等。这些精心的设计是贝聿铭作品高品质的保证。我去参观的那天正是纽约 1996 年初那场暴风雪之后，天寒地冻，然而刚一走到四季旅馆门口的雨篷下，便仿佛被一只大手发了气功一般，觉得十分温暖。原来雨篷是用钢做框架，上敷压花玻璃，在钢槽之中，藏有红外线的加热器，既给室内外增加了一道隔绝冷气的风幕，又可以融化雨篷上的积雪。门厅里也有供热装置，但不是裸露的暖器和管线。暖风从墙壁上一条 45° 的斜缝里缓缓吹到身上，我马上想到杜甫的那句诗“润物细无声”。

四季旅馆就像一位举止从容、衣着考究、谈吐文雅的绅士，我想，老年的贝聿铭大概就是这样。

图 13　纽约四季旅馆大厅

五、建筑中的历史

9 《儒林外史》与明清建筑文化

10 重构建筑学与国家的关系：中国建筑现代转型问题再思

9

《儒林外史》与明清建筑文化

研究中国建筑史的学者大概都会遇到这样的困难：一方面，由于时代的变迁，历史建筑的使用方式大都已经发生了变化，也就是说，按照今人的使用方式已经很难令人信服地解释原有的一些建筑现象；另一方面，史学家们通常据以为凭的正史文献往往不屑于记载建筑这类“百工之事”，除了少数宫殿衙署之外，对于大量的一般建筑和更广泛的建筑活动，要么付之阙如，要么语焉不详。即使有几本诸如《营造法式》、《工部工程做法则例》、《园冶》和《地理新书》之类的书对于技术性的问题做了比较详细的记述，但对于历史上与建筑活动相关的社会文化的综合情况，我们还是不得而知或知之甚少。要了解这些方面的情况，建筑史家们就只好另辟蹊径，或深入实地，对现存的历史聚落、历史遗物进行更深入、细致地调查研究；或博采文献，在更大的范围内，如碑铭、家谱、杂史和笔记中去寻找有用的资料。

小说的叙述和描写离不开空间场景，因而总会或多或少地涉及建筑。又由于一些小说更贴近生活现实，因而它们对于建筑的记述往往会与作者所处的社会文化环境有较密切的联系。这些记述有人也有事，所以往往比正史材料更生动具体。它们又常常涉及了社会生活的多个方面，所以反映的建筑活动往往也比那些专业术书更宽泛，传达的历史信息也更丰富。这样的文学资料经过甄别整理，无疑可以成为中国建筑史文献的有益补充。例如《红楼梦》中关于大观园的记述就早已被许多学者采用，成为研究中国园林规划、设计和美学思想的生动材料；《金瓶梅》中关于建筑的描写也已经引起了一些

原载《建筑创作》，2002年11月。

学者的注意。而本篇读书札记则试图对另一部中国古典文学名著——《儒林外史》——中的建筑叙述和描写进行整理，以期获得更多有关明清时期中国建筑文化的材料。

《儒林外史》是中国18世纪一部著名的现实主义小说，全书以写明代的“儒林”为中心，旁及社会政治和风尚。它情节生动、描写细腻，在当时就被评为“全书载笔，言皆有物，绝无凿空而谈者。”［金和跋，转引自《中国大百科全书（中国文学）》］仅仅从建筑的角度去看，也可以发现书中的许多故事都与当时的建筑文化有关。它们涉及明清建筑的使用方式、建筑的营造和管理制度、建筑的礼俗、建筑的技术，甚至城市建筑的商品化情况，很值得研究建筑史的学者们注意。

先看书中有关建筑使用方式的描述。《儒林外史》中说到的建筑类型很多，除了宫殿（第三十五回）、贡院（第二回、第四十二回）、祠堂（第十六回、第四十六回、第四十七回）以及牌坊（第四十七回、第四十八回）外，还有酒楼茶社（第二十四回）、戏行（第二十四回）、孤老院（第三十二回）、澡堂（第二十五回）、饭店（第二十八回）和香腊店（第十八回、第二十五回）等。虽然小说没能给我们提供有关这些不同类型的建筑在设计方面的信息，但这些建筑类型存在的事实已反映出社会组织和商品经济对建筑的影响。例如，孤老院很可能就是当时的一种社会福利机构，澡堂也很可能就是一种经营性的公共建筑。它们的存在无疑是城市生活发展达到较高程度，建筑的建造与具体使用要求联系得更加密切的一种体现。

该书在庙宇和住宅的使用方式方面还有很多记述，其中与庙庵有关的故事不下十余个。从中我们可以看到它们与现实生活的密切关系和它们在乡土社会中所起的作用。例如，书中第二回开头写道：“话说山东兖州府汶上县有个乡村，叫做薛家集……村口一个观音庵，殿宇三间之外，另还有十几间空房子，后门临着水次。这庵是十方的香火，只得一个和尚住持。集上人家，凡有公事就在这庵里来同议。”就是说，这座庙依附于当地的乡村，接受地方的香火供奉，所以它就有义务根据本身的条件服务于世俗社会。又由于它有宽裕的使用空间并有专人（和尚）负责日常管理，所以它就可以成为社区经常性的公共活动的场所。

明朝初年，为了从根本上教化百姓，整肃民俗，朝廷曾发布诏书，令全国各地乡社普建社学，培养子弟。

在办学条件较好的城镇，校舍一般为新建，而条件相对较差的乡村，就只好利用一些庙庵现成的空房，因陋就简。薛家集就属于这后一种情况。在书中第二回里，几位领头人一起在观音庵里商量，最后决定“就是这观音庵里做个学堂”。他们还请了那位不曾中过学的老童生周进来做先生。第十二回里，假冒名士权勿用也是“借个土地庙里，训了几个蒙童。”

又由于庙庵里通常都有较多的空房，所以它还可以为村民们解决生活中的不时之需。如操办红白喜事，小户人家地窄人多，难以应付，就不妨借用庙庵的空间。书中第七回里，荀玫进学后，集上人来贺，“荀家管待众人，就借这观音庵里摆酒”。第十六回，匡超人取了案首，“太公吩咐借间壁庵里请了一天酒”。第二十回，匡超人的郑氏娘子死了，他哥哥匡大说：“装殓了，家里又没处停，只好权厝在庙里，等你回来下土。”同回，牛布衣死后，老和尚也是将他的灵柩停厝在庙中。再如第十六回，匡超人家失火后，“匡超人没奈何，无处存身，望见庄南头大路上一个和尚庵，且把太公背到庵里”。这庵又充当了临时的难民收容所。

此外，无论是在乡村还是在城市，庙庵还可是寓客的旅舍。《儒林外史》的故事有多处与此相关。例如，第二十回牛布衣寓甘露庵；第二十二回牛玉圃寓子午宫；第二十八回萧金铉介绍报恩寺，季苇萧寓兴教寺；第三十回又寓承恩寺；第三十八回郭孝子寓海月禅林客堂等。萧金铉说：“(报恩寺)又不吵闹，房子又宽，房钱又不十分贵”，道出了庙庵旅舍的好处。

传统住宅是目前中国城乡保存最多的历史建筑。但由于使用方式的改变，今天人们已经不易理解原本的生活方式与建筑空间格局之间的关系。《儒林外史》中却有不少描写是关于这一问题的生动材料。书中所写的住宅内活动大致可以分为两类：一类是礼仪性的，如迎宾、宴客、堂会、婚娶、停灵；另一类是日常性的，如闲谈、小酌。礼仪性的活动需要在前后厅堂这类比较正规的空间内进行，而对于一般的日常性活动，人们则情愿去厅堂之外轻松宜人的书房和花园。例如在书中第八回，娄府两位少爷到遽公孙家，“遽太守欢喜，亲自接出厅外檐下……坐了一会，换去衣服……公孙陪奉出来，请在书房里，面前一个小花圃，琴、樽、炉、几、竹、石、禽、鱼，萧然可爱。”又如第十回，娄家的世交鲁编修来访，“进了厅就要进去拜老师神主……寒暄已毕，摆上两席酒来。鲁编修道：'老世兄，这个就不是了，你我世交知己间，何必做这些客套！依弟愚见，这厅事也太阔落，意欲借尊斋，只须一席酒， 我四人促膝谈心方才畅快。'两公子见这般说，竟不违命，当下让到书房里。鲁编修见瓶、花、炉、几，位置得宜，不觉怡悦”。

书中第四十九回，假冒中书万青云访问真中书秦老爷家的故事则涉及了官宦住宅内的礼仪性活动。书中说道：“万中书到了秦中书家，只见门口有一箭阔的青墙，中间缩着三号，却是起花的大门楼。轿子冲着大门立定，只见大门里粉屏上，贴着红纸朱标的‘内阁中书’的封条……帖子传了进去，秦中书迎出来，开了中间屏门。万中书下了轿，拉着手，到厅上行礼、叙座、拜堂”。“小厮们来请到内厅用饭。饭毕，小厮们又从内厅左首开了门请诸位老爷进去闲坐。万中书同着众客进来，原来是两个对厅，比正厅略小些，却收拾得也还精致。众人随便坐”。“（点戏后）管家来禀道：‘请诸位老爷外边坐’。众人陪着万中书，从对厅上过来。到了二厅，看见做戏的场口已经铺设的齐整，两边放了五把圈椅，上面都是大红盘金椅搭，依次坐下”。这段描述所表现的秦中书宅使人联想到江浙及安徽等地至今尚存的一些明清民居。笔者曾经参观过安徽黟县宏村一座清代徽商的大宅“承志堂”（图 1），该堂在空间关系上就与秦中书宅颇为相似。承志堂有三进厅堂，由南向北前后排开。它的厅堂的东侧也有两个隔天井相向的“对厅”，记得当时导游曾说他们是男主人赌博和抽大烟的场所。这种使用方式或许是近代的情形，但参照《儒林外史》对于明清住宅空间使用情况的描述，可知这种“对厅”最初的设计更与礼仪性活动有关。从书中的叙述还可得知，屏门平时关闭，只有迎接贵客方才开启。行礼是在前厅，宴饮和堂会是在二厅，其间的小憩则是在正厅左侧的便厅（对厅）。可见，当时大户人家对于住宅空间的使用有着严格的规矩。换言之，建筑的空间与社会生活紧密相连，建筑空间型制受到了特定社会文化的影响。通常这些大宅的宅基地并不规整，但经过设计划分，规整的部分用作厅堂正房，不规则的边角之地用作庭院和辅助房屋。这就使得礼仪性的空间方正严谨，非礼仪性的空间自由活泼，空间形式与功能要求得以相互适应。

建筑的使用还包括建筑小品的使用。1994 年春天，笔者在江西婺源调研乡土建筑时曾经见到过两种石墩，有的摆在祠堂院内，有的摆在住宅门前，它们都高

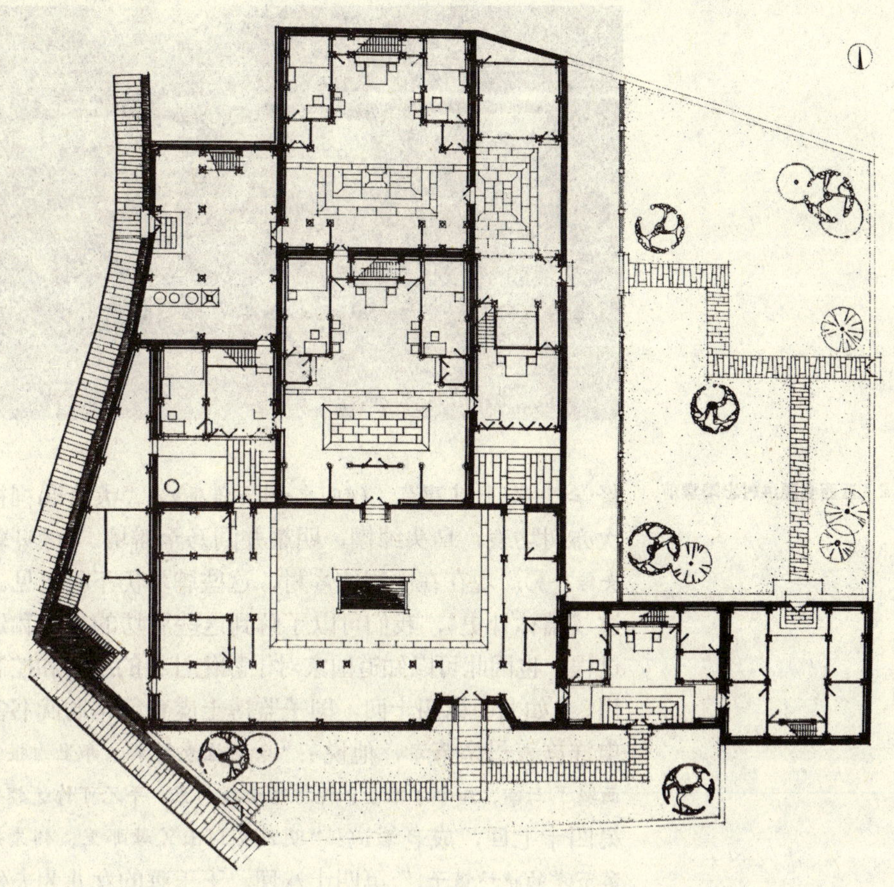

图 1 “承志堂”平面图

资料来源：汪之力主编，《中国传统民居建筑》，济南：山东科学技术出版社，1994 年。

70~80cm，呈方柱形或八角柱形，边长或直径在 60~70cm 左右，顶部中心有直径约 10 余 cm 的孔洞。一种侧面刻“某科某某年”，还有一种侧面刻“奉政大夫”、“朝议大夫”等字样。（图 2）当时，笔者对于这些石墩的使用颇感疑惑，对照《儒林外史》的记述才觉恍然大悟。书中第五回里王仁说：“想起还是前年出贡竖旗杆，在他家扰过一席。”第十九回匡超人岁考，取在一等第一，又提了优行，贡入太学肄业后，“回乐清乡里去挂匾、竖旗杆”。这些材料均说明了当时乡土社会对于科举及第的庆祝方式。而我所见到的刻字石墩大概就是用作竖旗杆的插杆石。

《儒林外史》中关于建筑的营造制度和管理制度的记述有多处。其中第四十回、第四十七回、第四十八回的三个故事就与礼制建筑牌坊的申报和审批程序有关。礼制性质的牌坊有多种，其中的节孝、贞节和节烈牌坊分别用于表彰那些任劳任怨侍奉公婆的寡妇、为未婚夫守节和为亡夫殉节的妇女。明朝是中国封建礼制达到顶峰的时期，统治者极力表彰贞节，曾“着为规条，巡方

图2　江西婺源洪村忠靖堂前的石墩

督学，岁上其事”（《明史·烈女传序》）。“大者赐祠祀，次亦树坊表，乌头绰楔，明耀井闾乃至僻壤。”（《明史·烈女传序》）。现在在中国的乡村，这些牌坊仍不时可见。通过《儒林外史》，我们可以了解到这些牌坊的上报和建立过程，也因此可以知道国家对于教化社会的统筹和控制作用。如书中第四十回，国子监博士虞育德帮助武书备文申详旌表母亲节孝，他说：“令堂旌表的事，部里为报在后面驳了三回，如今才准了，牌坊银子在司里，年兄可作速领去。”第四十七回，成老爹道：“明日要到王父母那里，领先婶母举节孝的牌坊银子。”第四十八回，王玉辉的女儿为夫殉节后，徽州府学训导余大先生“拜奠过，回衙门，立刻传书办备文书，请旌节烈……过了两个月，上司批准下来，制主入门，门首建坊”。虞博士所说的“部”在明代应是主管国家礼仪、祭祀、宴飨和贡举的礼部，“司”应是礼部下设的祠祭司。显然，牌坊的建立先要由地方主管文教礼仪的府学向礼部申报并请拨专款，然后再交地方县令办理。

《儒林外史》第三十九回、第四十回关于萧采（云仙）修筑城墙的故事是有关明清建筑营造管理情况的极好材料。书中说，萧采“看见兵灾之后，城垣倒塌，仓库毁坏，便细细做了一套文书禀明少保，那少保便将修城一事批了下来，责成萧云仙用心经理……萧云仙城工已竣，报上文书去……少保据着萧云仙的详文，咨明兵部。工部核算：‘萧采承办青枫城城工一案，该抚题销本内，砖、灰、工匠，共开销银一万九千三百六十两一钱二分一厘五毫。查该地水草附近，烧造砖灰甚便，新集流民充当工役者甚多，不便听其任意浮开。应请核减银七千五百二十五两有零，在于该员名下着追。查该员系四川成都府人，应行文该地方官勒限严比归款可也。奉旨依议。’”

据刘光黎著《中国土木行政》（内政部编译处，民国八年），中国古代官方建筑的管理包括四个方面：一是规定工程的种类和主管部门，二是规定营缮所需的手续或程序，三是规定经费的来源渠道，四是规定保固期限及议赔以便确保工程质量。官方建筑的种类主要有城垣、宫殿、公廨、仓廒、营房和府第。而据清《嘉庆会典》（卷四十五）和《工部工程做法则例》（卷一百九十），营缮程序有四步：第一步，地方营造工程先要由督府将军大臣拟定规则，奏请获准；第二步，编制预算书，提交工部核定；第三步，着手工程，要按期完工；第四步，在工程完竣后由督府将所需工料之细数，编造报销册送部题销，也就是由工部审查工程的决算，防止虚报和贪污。《儒林外史》中，工部对萧云仙主持的修筑工程进行了审查，认为他没有充分利用当地人工和材料的便利条件，尽量降低建造费用，所以他所呈报的决算有“浮开”，即虚报冒领之过，超支的七千多两银必须由他自家补赔。这里补赔的数额接近总决算的40%，可见当时审查和管理制度之严格。

书中还提到地方建筑营造管理的情况。第四回，范进和张静斋到高要县城拜见知县未遇，到关帝庙暂坐，“那庙正修大殿，有县里工房在内监工”。由于庙庵不在官设建筑物的范围之内，因而不应动用国家财政修建，只能由地方自己集资并由地方监造。这里的工房是地方上掌管工程事宜的机构，在清代是“吏、户、礼、兵、刑、工”六房之一。

值得一提的是，在中国的乡村里，风水环境的保护也是建筑管理的重要内容。笔者在江西婺源沱川理坑村调研乡土建筑时曾在铺路的条石中发现两块旧时的禁碑，一块刻着：“阖村来龙上下左右□□杉树杂木以荫祖墓阳基，严禁砍挖剖掘侵墓及纵牛残害树枝，如违，定行议罚不贷。”另一块碑刻“仁齐公坟来龙上下左右日后永禁剖掘侵葬及砍害荫木等件，如违，以不孝惩究不贷。坟林中毋许放牛践踏残害树枝，违者一并议罚。”（图3）《儒林外史》也有情形相似的故事。第三十二回中，杜少卿家族看管公祠的黄大砍伐了坟山的死树回家修房，结果遭到家族几位“老爷”的痛打，不仅搬走了那棵树，还拉倒了他的房子。

非常有趣，《儒林外史》中关于明清建筑礼俗的故事还涉及了当时颇为盛行的风水堪舆。在书中第四十五

图 3　江西婺源沱川理坑村现已被用于铺路的古代禁碑

回里，余殷向余大先生介绍墓地的情况。他“拿着指头蘸着封缸酒在桌上画个圈子，指着道：大哥你看，这是三尖峰。那边来路远哩！从浦口山上发脉，一个墩，一个炮；一个墩，一个炮；一个墩，一个炮。弯弯曲曲，骨里骨碌一路接着滚了来。滚到县里周家冈，龙身跌落过峡，又是一个墩，一个炮，骨骨碌碌几十个炮赶了来，结成一个穴情。这穴情叫做‘荷花出水’”。他又拣了两根面条在桌上弯弯曲曲做了一个来龙，“睁着眼道：‘我这地要出个状元！’”据何晓昕著《风水探源》（东南大学出版社，1990 年），古代堪舆风水主要有两种流派，即形势宗（峦头宗）和理气宗。余殷相地的方式就属“形势宗”，即根据地段的自然形态判断吉凶顺逆。他所说的“一个墩，一个炮。弯弯曲曲”便是所谓的“觅龙”——寻找龙脉；“荷花出水”便是所谓的“喝形”，即借助对“穴情”的形象比喻，判断基址外部形态的吉凶好坏。通过“喝形”他得出的结论是“这地要出个状元”。

更难得的是，在书中的第四十四回里，作者还借迟衡山、余大先生之口，道出了儒家伦礼与风水堪舆的矛盾。迟衡山说："先生，只要地下干暖，无风无蚁，得安先人，足矣！那些发富发贵的话，都听不得！"余大先生道："正是。敝邑最重这一件事。人家因寻地艰难，每每耽误着先人不能就葬，小弟却不曾究心于此道。"迟衡山叹道："士君子惑于龙穴、沙水之说，自心里要想发达，不知已堕于大逆不道。"由此可见，正统的士大夫将尊重先人看得比为后人祈福更重要，为了子孙的发达而耽误先人的安葬对他们来说是不足取的。

《儒林外史》中关于建筑技术方面的记述不多，但有两则故事却颇能反映当时文人对建筑营造的一些独到匠心。书中第十回写娄公子家的书房香炉是在外屋烧的，"但见书房两边墙壁上，板缝里都喷出香气来，满座异香袭人……三公子向鲁编修道：'香必要如此烧方不觉得有烟气。'"在第五十三回，徐九公子花园中的亭子是用白铜铸成，内中可烧煤火，即使亭外冰封雪飘，亭中也不觉一点寒气。现在中国园林中唯一尚存的铜亭是北京颐和园中的宝云阁。该亭建于清代乾隆年间，略晚于《儒林外史》的成书时间。其设计是否也有类似的意匠似颇值得深究。明代文震亨（1585~1645 年）所写的《长物志》记录了中国 17 世纪文人对居住环境的刻意追求，《儒林外史》中的这些巧思与之异曲同工，而且有过之而无不及。

《儒林外史》中第四十七回"虞秀才重修元武阁"的故事虽然与建筑技术并无直接关系，但却为我们提供了有关当时营缮工料和费用关系的信息。书中说，"虞华轩问唐三痰道：'修元武阁的事，你可曾向木匠、瓦匠说？'唐三痰道：'说过了。工料贵着哩，他那外面的围墙倒了，要从新砌，又要修一路台基，瓦工需两三个月；里头换梁柱，钉椽子，木工还不知要多少。但凡修理房子，瓦木匠只打半工。他们只说三百，怕不也要五百多银子才修得起来。'"元武阁是道教建筑，又称为玄武阁或真武阁，作者大概是为避清康熙皇帝玄烨的名讳而写作元武阁。书中该建筑是虞华轩的先祖盖的，"却是一县发科甲的风水"。书中的描写或许反映了当时一座庙堂建筑修缮开支估算的方式，即工料大致各半。

《儒林外史》还有多处关于明清城市住宅赁买情形的记述，颇可作为当时中国城市建筑商品化问题研究的参考材料。书中第二十七回写道："鲍廷玺次日同王羽秋商议，叫了房牙子……又过了半个月，房牙子看定了一所房子在下浮桥施家巷，三间门面，一路四进，是施御史家的。施御史不在家，着典与人住，价银二百二十两，成了议约，付押议银二十两，择了日子搬进去。”据韩大成著《明清城市研究》（中国人民大学出版社，1991 年），所谓“牙子”又称为经记、牙郎、牙人、牙商、牙侩等，是买卖过程中为买卖双方说合的人。他们的店铺称为“牙行”。在明代，牙行在市场经济中扮演着很重要的角色。天启《士商类要》中说“买货无牙，称轻物假；卖货无牙，银伪价盲。所谓牙者，权贵贱、别精粗、衡重轻、革伪妄也”。“房牙子”就是城市住宅赁卖过程中的中间人，他们的出现反映了城市建筑商品化已经达到很高程度。从《儒林外史》中可以看出，他们对房源非常熟悉，可以根据客户的需要介绍条件合宜的住房，所以鲍廷玺、王羽秋租房首先就要请他们帮忙。而支付给房主的押金“押议银”大约相当于成交额 9%。

根据书中的描述，当时市场上的房子有两种，上述鲍廷玺住的是“出典”的，它因房产所有人长期外出而临时转让他人，一次收取“价银”。《儒林外史》第三十三回，杜少卿在南京暂住的则是“出租”的。他所选的住房很特别，靠着秦淮河，被称为“河房”。秦淮河是明清南京最繁华风流的水街，当时文人士子多聚集此地。住河房可以赏月听萧、凭栏看水，因而最受他们的青睐，租金也因而最高。书中写道，杜少卿和迟衡山“当下走过秦淮河。迟衡山路熟，找着房牙子一路看了几处河房，多不中意，一直看到东水关。这年是乡试年，河房最贵。这房子每月要八两银子的租钱，杜少卿道‘这也罢了，先租了住再买他的。’南京的风俗是要付一个进房，一个押月，当下房牙子同房主人跟到仓巷卢家写定租约，付了十六两银子。”“进房”很可能就是第一个月的房租，而“押月”很可能就是相当于一个月房租的押金。房主收取押月，目的是为了防止住户拖欠房租。这种方法今天在美国非常普遍。

如果说现存的《营造法式》和《工部工程做法则例》是中国建筑技术史研究的基本材料，《儒林外史》等小说中有关建筑的使用方式、建筑的营造和管理制度、建筑的礼俗、建筑的技术，甚至城市建筑商品化情况的描写，则可为我们进行中国古代建筑社会学的研究提供颇有价值的参考。前辈史家尝“以诗证史”，小说证史岂非亦同？

10

重构建筑学与国家的关系：中国建筑现代转型问题再思

中国建筑的现代化是一个多层次、多方位的转型，对此，许多学者已经针对建筑的技术、建筑的功能和类型、建筑的造型和风格、建筑师出现和专业的形成、城市化，乃至建筑生产的整体机制的变化等诸多问题进行了探讨。在笔者看来，建筑之学与国家的关系也是这一转型不可忽视的一个重要方面。在中国，无论是古代还是现代，建筑活动都与国家有着密切的联系。国家不仅充当着许多大型建筑计划的“业主”，而且它还在社会的建筑活动中充当着管理者的角色，所以国家对建筑的发展起到了至关重要的控制作用。诚如一些学者已经指出的，中国传统封建等级制度和工程管理制度就对建筑的发展起到了极大的限定作用。[1]

本文考察19世纪中叶以来，中国现代化过程中国家性质的变化对中国现代建筑专业的影响，试图说明，在近代中国，伴随着外来势力和文化在中国影响的扩大，多元的公民社会得以出现并成为建筑商品化和多元化建筑价值取向的基础。在这个过程中建筑的话语权的把持者，即建筑职业标准和审美评判的主体也发生了变化，建筑师职业在中国社会分工中独立。传统国家与建筑业的主宰与被主宰关系被以租界为代表的管理与被管理关系取代，建筑形式从传统等级社会的制约下获得了发展的自由。20世纪20年代之后新的民族国家的建立不仅延续了外国租界对于建筑活动的法制化管理方式，还出于国家认同和改造国民的需要，推动了建筑中关于民族风格的探索以及对于政府行政建筑、纪念物和国民教育空间等特殊类型建筑的建造。国家与建筑学形成一种利

1 有关这些方面的情况，分别由傅熹年和王世仁为《中国大百科全书（建筑、园林、城市规划）》撰写的“中国古代建筑等级制度”和“中国古代建筑工程管理”条目已有简明和系统的介绍。详见《中国大百科全书（建筑、园林、城市规划）》，北京：中国大百科全书出版社，1988年，560~562页。

原载《建筑师》，第132期，2008年4月。

用与被利用的关系。20 世纪 50 年代以后，限于当时的建设条件，国家与建筑再次经历了主宰与被主宰的关系，改革开放所带来的经济和社会多元化格局为中国建筑业的繁荣提供了新的条件，国家正在重建与建筑之间管理与被管理、利用与被利用的关系。

建筑在传统中国与皇权紧密相连。在官方建造和民间建造之间，国家通过等级标准确定了二者的关系，僭越者将被处罚甚至定罪。[2] 在官方建筑之内，又通过规定建造程序，对经费、工期和质量进行管理。[3] 建筑的结构与外观造型——“样”——是国家对建筑进行管理和控制的一种“法式”依据，被列入《营造法式》和《工部工程做法则例》等工程“则例”。[4] 借助“样”，国家可以对建筑材料、构造甚至施工的费用进行预算控制，同时也对建筑设计做出了审美的裁定。通过制定《营造法式》和《工部工程做法则例》，国家成为建筑话语权的操纵者。而一般民众在建筑的整体造型上必须依照国家认可的常规进行建造，仅仅在彩画和雕刻等建筑装饰方面具有有限的自主权。因此，在传统中国，除皇家拥有的职业机构承担“样”的设计（如清代的“样式雷”家族）外，只有负责园林营造的造园家因其“主”事，也即因地制宜的筹划和相应的审美判断，而有别于因循固有范式而缺少独立创作精神的“匠”。由于大量性民间建筑并不需要程序复杂的“设计”，因此设计者“建筑师”的职业也就无从于社会分工中独立。传统建筑以木构件的局部尺寸为房屋整体的基本模数，这种建造方式又决定了大木匠师在设计施工过程中的主导地位。简言之，在传统中国，国家是大型建设项目的主要赞助人，因此它与建筑的关系是主宰与被主宰的关系。当人造环境成为皇权的象征，对其实施控制便成为国家行政管理的一个部分。建筑工程管理体现了封建皇权对于民众公共及私人空间和领域的高度渗透。

19 世纪中期以后，西方对中国的入侵不仅严重削弱了清帝国政府进行工程建设的财政能力，而且打破了它对于建筑活动的有效控制。不受国家直接干预的空间和领域，如条约口岸（城市）、外国人居住区（租界）、教会社区（教区）、民间团体，在中国不断出现并扩大。在这些受到外来势力控制的领域内，国家对建造活动的控制受到挑战、削弱，甚至剥夺，其（在条约口岸为政府）与建筑学的关系也发生了根本的变化，从主宰与被主宰

2 建筑的等级标志包括高度、面积、门的重数、开间数、建筑进深、屋顶形式、屋面和梁柱的颜色以及梁架的大小等。详见傅熹年：“中国古代建筑等级制度”，《中国大百科全书（建筑、园林、城市规划）》，北京：中国大百科全书出版社，1988 年，560~561 页；于振生，《北京王府建筑》，《建筑历史研究》，北京：中国建筑工业出版社，1992 年，82~141 页。

3 刘光黎，《中国土木行政》，（北京）内政部编译处，1919 年。

4 详见张十庆《古代营建技术中的“样”、“造”、“作”》，《建筑史论文集》，第 15 辑，北京：清华大学出版社，2002 年 1 月，37~41 页。

转变为管理与被管理。以上海为例，从开埠伊始，租界西人就通过民主协商，先后制定了《土地章程》以及《西式房屋法规》、《华式房屋法规》、《钢筋混凝土建筑法规》等与建筑活动相关的法规，其内容主要针对城市消防、交通和卫生等问题。[5]与中国传统出于社会政治的需要而实施的等级控制以及出于皇家的利益而实施的质量管理不同，在这里，由于政府不是租界主要建筑项目的投资者，这就使它可以作为建筑活动的局外管理者。租界政府对建筑的管理主要是为了保护公共利益与安全，从而创造良好的投资环境；它不负责建设项目的审美判断，即关于形式的仲裁。其结果是，在封建社会里受到等级制和官方工程管理制度制约的建筑形式在公民社会里获得了自由，从而促进了多元化建筑价值观的发展，表现在租界建筑风格的多样性。

由于不同的社会群体乃至个人都有对于造型、材料和结构进行选择的权利，这就使得建筑的各个方面如造型、结构、材料、施工，以及设备都成为商品化的对象。其结果就是加速了建筑生产过程中的劳动分工，也促成了商品的设计者，即介于使用者（业主）和制造者（营造工匠）之间的建筑工程师的出现，并最终成为一种独立的自由职业。[6]建筑师职业的自由化是建筑生产现代化的标志之一，其重要性即在于建筑审美主体与国家的分离。

随着外来样式和外来技术在中国建筑业中的比重不断加大，掌握现代结构和材料的建筑工程师（起初以土木工程师为主，后来出现土木工程与建筑学的进一步分工）成为房屋建造过程中的主导者。受到过现代建筑工程教育的中国工程师从20世纪初开始登上历史舞台，由中国建筑工程师开办的事务所也自20世纪10年代开始在上海等现代城市出现。[7]建筑师的工作是图样设计并通过图样设计为社会提供服务，所以建筑设计在中国最初被翻译成“打样”或“画则”。

在新的结构、材料和技术的条件下，传统营造学遭到淘汰。传统工匠也失去了建筑营造的主导权，只能充当依照建筑工程师和结构工程师的设计进行施工的营造者，在现代建筑生产过程中能动性最低。上海传统营造业的行会组织上海水木公所原包括五种行业，即木作、水作、清水作、雕花作和锯木作，在建筑界中曾各占重要地位。随着现代建筑学的出现，以及机械工具的普及，至20世纪30年代，只有木作和水作还能够维持，其他

5 详见赖德霖，《中国近代建筑史研究》，北京：清华大学出版社，2007年，54~66页。

6 据娜塔丽（Natalie Delande），《工程师站在建筑队伍的前列》（汪坦、张复合主编，《第五次中国近代建筑史研究讨论会论文集》，北京：中国建筑工业出版社，1998年，96~106页），西方建筑师从1850年开始出现于上海，即Geo Strachan Co.的负责人Geo Strachan。据村松伸《上海：都市と建築》（东京：株式会社PARCO出版局，1991年，112页），上海从1866年开始有英国皇家建筑师学会（RIBA）会员；另据*Proceedings of the Society of Engineers and Architects*，上海工程师和建筑师学会（Shanghai Society of Engineers and Architects）约在1901年成立。

7 赖德霖，《中国近代建筑师开办事务所始于何时？》，台北：《建筑师》，1991年第12期，30~31页。

三业均“日渐式微，无人问津”，面临被淘汰的窘境。[8]

8 《锯木作之呼吁》，《建筑月刊》3卷5号，1935年5月，32~33页。感谢陈洁萍女士帮助查找这篇文献。

20世纪20~30年代，现代建筑学在中国逐步确立。其标志是：首先，一大批留学国外的建筑学生回国创业，他们使得建筑专业在中国的社会知识体系和专业分工中独立；其次，高等教育开办了建筑系，这使得专业知识得到承传和普及；第三，中国建筑师学会成立，它使得专业有了统一的标准。此外，还出现了建筑专业刊物，它们促进了专业知识的新陈代谢。[9]与传统社会里国家对于建筑学的主宰不同，在现代中国，这些受到西方建筑教育的建筑师以及他们所主持的建筑教育和建筑组织成为建筑话语权的操纵者。

9 同上，115~180页。

现代建筑学和建筑业在中国的确立伴随着现代民族国家的形成，作为一个现代知识体系和国家物质建设的一个手段，它既是国家管理和控制的一个内容，也是国家利用甚至争夺的一个对象。前者表现在国家对建造活动的法制化管理、对于教育标准的制定，是早在租界内部就已经形成的政府与建筑之间管理与被管理关系的一种延续，后者表现在国家对于一些特殊类型建筑的重视和对于建筑的历史研究及民族风格的促进和推动，反映了国家与建筑学之间一种新的关系，即利用与被利用的关系。

1927年4月，南京国民政府成立，7月定上海为特别市。此后一年，上海特别市工务局先后制定了《建筑师、工程师登记章程》、《营造厂登记章程》、《暂行建筑规则》等法规，通过限定建筑师、工程师和营造厂的资格实现了对城市建设质量的控制。1929年6月，国民政府也公布了《技师登记法》，在全国范围内实行技师注册登记制度。按照《技师登记法》，技师必须是“在国内外大学或高等专门学校修习农工矿专门学科三年以上得有毕业证书，并有二年以上之实习经验得有证书者”，或“办理农工矿各厂所技术事项有改良、制造或发明之成绩，或有关于专门学科之著作，经审查合格者。”由于政府对于建筑师执照的颁发管理严格，中国建筑师学会也在1931年1月3日举行的年会上制定新的章程，规定固定会员“概须标准大学毕业，并有三年经验，方为合格。”[10]这些以现代技术为标准的技师资格因此将传统工匠排斥在现代意义的建筑师职业范围之外。

10 友《中华建筑学会年会记》，《时事新报》，1931年1月20日。

制定教育标准是政府规范社会职业的一个手段，也是新成立的国民政府统一行政管理的一个措施。[11] 1928

11 值得注意的是，在南京政府成立后的近10年时间里，中国还在进行统一度量衡的工作。

年，针对当时各校自由发展、标准多有不同的状况，教育部为“确定标准，提高程度”，对全国大学课程进行了整顿。教育部整顿大学课程的努力，是统一后的国民政府通过制定规范对国家进行控制的一种措施。从1939年教育部公布的最终结果可以看出，建筑学教程的参照对象为中央大学教程。作为中国的建筑教育规程，课表中包括有“中国建筑史”和“中国营造法”两门有关本国建筑文化的课程。这表明教程不仅涉及建筑的现代性问题，也涉及建筑的民族性问题。这些国家统一标准影响甚广，即使在战时国民政府的控制已经受到削弱的情况下，在教会所代表的非官方教育中仍有体现。[12]

建筑作为民族文化的一个表征在现代中国的国家建构过程中受到中国知识和政治精英的高度重视。支持建筑历史研究是推动建筑的民族风格的一种方式。中国建筑史的研究最初由朱启钤创办的私人研究机构承担。但从1929年起它就被纳入国家的学术研究体系之中。这首先表现在资金来源方面，即它先后受到中华教育基金会和中英庚款董事会的补助。在研究课题上，学社的新使命包括了中央古迹保管委员会的工作。1939年后学社更由教育部和财政部直接资助，人员也被编入中央研究院历史语言研究所及中央博物院筹备处。其调查研究也成为中央博物院中国建筑史料编纂工作的一个部分。至1944年，营造学社的社员中除一批建筑家和金融界人士之外，还包括了一批中国文化事业方面的官员，[13] 营造学社的主要学者梁思成在1948年当选中央研究院院士，他的同事，作为建筑历史学者的刘敦桢，也在1945年担任了中央大学工学院的院长。[14] 这些事实表明中国建筑史研究至20世纪40年代已经成为中国官方民族文化建设的一个组成部分。

借助建筑塑造城市乃至政府的公共形象成为民族主义者表现文化认同的另一个手段。从20世纪20~30年代，国民党、国民政府和地方政府分别举行过一些建筑设计竞赛，其中有中山陵（1925年）、中山纪念堂（1926年）、北京图书馆（1926年）、大上海计划（1930年）、中央博物院（1935年）和广东省政府合署（1936年）。值得注意的是，这些设计竞赛项目集中在三种建筑类型，即政府行政建筑，纪念建筑和公共教育建筑，代表了与现代民族国家和文化认同的建设密切相关的三项重要事务，即建立政府机构、编撰历史以及改造国民。它们无

12 从钱锋最新的研究可以看出，20世纪40年代地处上海的教会学校之江大学的建筑系课表与全国统一教程颇为相似；甚至统一教程中的“中国建筑史”和“中国营造法”也被这所私立教会学校所接受。见钱锋，《之江大学建筑系的历史及其教学思想初探》，《第四届中国建筑史学国际研讨会论文集——全球视野下的中国建筑遗产》，上海：同济大学，2007年。

13 这些官员包括朱家骅（曾任中央研究院院长）、叶恭绰（曾任中英庚款董事会董事）、叶公超（曾任外交部次长、中央宣传部驻英宣传主任）、翁文灏（曾任国民政府行政院秘书长、资源委员会主任委员和经济部部长）、陈立夫（曾任国民党中央组织部部长、教育部部长、全国经济委员会委员）、李书华（曾任教育部部长、中央研究院总干事、中英庚款董事会董事）、马衡（曾任故宫博物院院长）、中央研究院总干事任鸿隽、杭立武（曾任国民参政会参政员、教育部常务次长、教育部长）、傅斯年（曾任中央研究院历史语言研究所所长）、李济（曾任中央研究院历史语言研究所考古组主任），李四光（曾任中央研究院地质研究所所长）、袁同礼（曾任国立北平图书馆馆长、北京图书馆协会会长、中央古迹保护委员会委员）、吴鼎昌（曾任国民政府行政院实业部部长）等。这些人的名单见国民政府内政部档案，“令中国营造学社等将会员职员名册会议记录中心工作推进情形报部”，[（南京）中国第二历史档案馆，22663号档案，1945年]。这些人的职务见于Who's Who in China, 第5、6版，上海：The China Weekly Review，1936年、1950年；李盛平主编，《中国近现代人名大辞典》，北京：中国国际广播出版社，1989年。

14 赖德霖主编，王浩娱、袁雪平、司春娟编，《近代哲匠录——中国近代重要建筑师、建筑事务所名录》，北京：中国水利水电出版社、知识产权出版社，2006年，82页、94页。

一例外都选择了中国风格的设计作为最终结果，从而鼓励并推动了中国建筑的古典复兴运动。

总之，在中国的现代化转型过程中，建筑与国家的关系也发生了根本的变化，从主宰与被主宰转变为管理与被管理和利用与被利用。对于国家而言，建筑从政治等级的象征变为文化认同的表征。而对建筑而言，国家从皇权的代表转变为公民社会的建设者和维护者。作为建筑者，新的民族国家通过发展建设计划，扶助和推动了建筑学在中国的发展；作为维护者，它通过注册登记、统一教育标准、举办设计竞赛、资助建筑历史文化的研究，影响和塑造了中国的建筑学。

1949 年以后，中国建筑学继续经历了与国家之间相互关系的转变。通过对私有化的公有制改造，国家再次成为建筑活动的主宰者。私营基础上的自由建筑师也通过公有化而转变为国营设计院的职工。“中国建筑学会”及其主办的《建筑学报》成为代表中国建筑师的唯一组织和表达中国建筑思想的唯一“正统”渠道。由国家制定的统一的建设方针（如“实用、经济，在可能的条件下注意美观”和“社会主义内容，民族形式”）和设计规范主导了建筑的审美评判。对于建筑的控制使得国家在百废待举的情况下可以最有效地利用资源，但同时也从根本上削弱了建筑学和建筑师赖以存在的多元化赞助人和审美价值基础。60 和 70 年代建筑学专业在中国高等教育中曾一度遭到取消就是其极端结果之一。

20 世纪 70 年代后期以后的改革开放，不仅使中国的经济发展获得了新的动力，也使得中国建筑的发展获得了新的契机。过去的 20 年已经见证了中国建筑业的空前繁荣，除中央政府之外，地方政府、合资企业、私有资产者、房地产商人也成为中国建筑的赞助者，他们的存在为价值取向的多样性提供了条件，中国建筑师也因此获得了相对以往较大的创作自由，也即表达自身价值认同的可能性。不同院校的建筑系、国营设计院和个体事务所的本土建筑师，还有“海归”建筑师甚至国外建筑师的出现使得中国建筑话语本身趋于多元。建筑思想的表达也因多种专业杂志、报刊、论坛，乃至因特网的存在而获得了不同渠道。在这种情形之下，国家对建筑学的控制大为减弱。“大批判”式的意识形态强制已经过时，它正让位于具有建设性的立法、学会会员资格的审定，以及引导性的学术会议和专业杂志的定级和对代表性建筑师在行政、名誉和物质上的奖励。

六、历史中的建筑

11 日本建筑观与思

12 20世纪之前的美国建筑

11

日本建筑观与思

伊势神宫五十铃川拱桥

三重县伊势市的伊势神宫是日本神道的圣地，而其中最重要的建筑无疑是供奉天照大御神的内宫。它与环境的关系和对自然材料的使用与表现曾令包括布鲁诺·陶特（Bruno Taut）和丹下健三在内的现代主义建筑大师们赞叹不已。那始于公元690年，每隔20年就拆旧并依原样建新的“式年迁宫”制度也给东亚的文物保护提供了一个独具特色的个案。有关伊势神宫的介绍与研究汗牛充栋，不胜枚举。不过这里最“于我心有戚戚焉”的建筑不是内宫，而是那横跨五十铃川，通向神宫界域的长拱桥（图1）。

河川通常是一个空间的边界，而桥就是从一个空

原载《城市空间设计》，2009年第2期。

图1 伊势神宫五十铃川拱桥，伊势

图 2　住吉大社太鼓桥，大阪

间到另一个空间的转折点。江户时期的著名浮世绘版画家安藤广重（1797~1858 年）的《东海道五十三次》系列图就以江户城的日本桥和京都贺茂川的长桥作为第一幅和最后一幅。它们是各自城市的边界，因此也代表了东海道全程的起止点。有趣的是这两座桥也都是拱桥。

无论设计者是否自觉，拱桥除了在造型上比水平桥更显优雅之外，它给人心理上的转折感也更强烈。我对拱桥的最初体验得自于北京颐和园的玉带桥。那高高隆起的桥面在一时挡住人们直观对岸视线的同时，又将这视线引向茫茫的天穹。人直有临近桥顶才能逐渐重新获得对周围环境的感知。这一断一续于是便成为一种时空的转换，使人仿佛经过桥，从一个世界过渡到了另一个世界。易县清西陵雍正帝泰陵大红门前的五孔桥也有同样效果。那汉白玉的拱桥掩映在蓝天和周围的苍松翠柏之下，令人倍感肃穆。站在桥的一端，参观者只能看到对岸一座六柱五楼牌坊从桥面之上露出的汉白玉顶，它暗示了对岸陵园的所在，并引领观者过桥瞻拜。走在桥上我不由想到了汉画像石中通常表现阴阳交界的“渭河桥”。

以我所知，除伊势神宫之外，日本神社中采用木拱桥为入口的样例还有著名的大阪住吉大社。它的桥名为太鼓桥，拱形极为夸张，是名副其实的“太鼓”桥（图 2）。

平等院凤凰堂

京都宇治市的平等院大概是净土宗佛教最美的建筑群。令人羡慕的是它属于日本。中古中国大概有更壮丽的实例，可惜早都不在了，现在我们只能从敦煌壁画去追想它们可能的尊容。

平等院中最重要的建筑是凤凰堂，它的中堂里保存着原有的大和绘风格的阿弥陀来迎图和著名雕塑匠师定朝的杰作阿弥陀坐像及乐伎飞天，它们都是日本的国宝。凤凰堂本身建于11世纪，相当于中国的北宋时期，用《营造法式》的建筑术语，中堂的外观造型可称为“杀两头造”并带“副阶周匝”，也即清代的“重檐歇山”式。毫无疑问，这座建筑无论是在风格上还是在技术上都受到了中国的影响（图3）。

不过凤凰堂有一个做法虽然也有可能源于中国，但是却未见于任何现存的中国古代建筑实物甚至图画表现，这就是中堂副阶当心间屋檐的局部高起。一个看似简单的处理，却反映了日本建筑匠师对于建筑与室内雕塑之间关系的高度敏感和他们在设计上的灵活创新，因为它使得观者得以从室外瞻仰到佛像的容颜，同时也为佛像“观看”外部的世界提供了一个窗口（图4）。这个做法在京都教王护国寺（又称为东寺）于17世纪初桃山时期再建的金堂上也可看到。它后来又发展成了平缓的弓形弧线，也即日本建筑檐部的独特造型“唐破风”，18世纪的江户中期重建的东大寺大佛殿就是最著名的实例（图5）。

我说这一做法“可能”源于中国，是因为开凿于5世纪后期的云冈石窟中也有开辟窗洞、沟通窟内佛像与外部信众的先例，而建于984年的辽代蓟县独乐寺观音

图3 平等院凤凰堂，京都

图 4 平等院凤凰堂局部，京都

图 5 东大寺大佛殿，奈良

阁二层当心间的开门大概也是出于同样考虑。不过肯定的是，它在建筑上的延续和发展是在日本，而不是在中国。日本建筑从平安时期就呈现出青出于蓝而胜于蓝的趋势，凤凰堂或是一个例证。

龙安寺石庭

龙安寺在京都的西北部，西方人把它的石庭称为“禅学的原点”(The Ground Zero for Zen Philosophy)。这不是说石庭是禅学的发祥地，而是说这里的枯山水设计极好地体现了禅学的义理——空无、简素、寂侘，以及“芥子见须弥”般的以有限象征无限。

石庭在寺庙方丈的外廊前。参观者从外廊的左侧进入。站在这里，人们便能一览石庭的景色。当然，设计者的意图还是要让人们端坐在外廊之上，面对石庭去冥思宇宙和自然的真谛。石庭不大，是一个由黄泥抹面的围墙从三面围合的矩形空间，面积只有大约 10m×25m。但庭中经过精心耙梳的白砂以及刻意点缀的石块令人仿佛面对着波涛起伏的大海和海中隐约浮现的岛屿。

枯山水庭园采用了象征的手法去表现自然。但并非所有的枯山水设计（包括京都另一座著名禅寺大德寺中的若干庭院）都能获得龙安寺石庭如此小中见大、咫尺千里的效果(图6)。例如，龙安寺石庭的白砂耙梳的波纹很细，且平行于方丈外廊，而象征岛屿的石块也都不大，因此观于外廊，便能有平远的效果。而大德寺瑞峰院庭园强调了波纹的动感，置石也较大，因而更像溪流而非大海。又如，龙安寺石庭有 15 块岩石，它们被分成五组置放，整体平面大致呈一个以外廊为底的不等边三角形。这种构图将观者的视线引向远方。又由于远对入口和外廊的石块形状都较扁平，恰如透视的灭点，因此增加了石庭空间的深远感。而大德寺龙吟院和库里庭园沿墙根置石，虽然强化了空间的边界，但也减弱了它的纵深。再如，龙安寺石庭围墙的桧皮墙檐较高，相比之下，抹灰的墙体就显得较矮，空间的封闭感也因此减小。加之常年的雨水侵蚀，墙面上呈现出色调的明暗变化，水平延伸的围墙仿佛一幅展开的山水长卷，原本的空间边界于是幻变为空间的延伸。比较而言，大德寺龙吟院以及京都正法山妙心寺的东海庵庭园的围墙墙体较高且过于洁净，

图6 龙安寺石庭，京都

它们就不具备视觉上的模糊性，因而也难以给人带来更多的联想。

看似简素的设计其实包含了对于自然、建筑和空间极为深刻的理解。龙安寺被称为“禅学的原点”，此言不虚。

妙喜庵待庵茶室

京都郊外的妙喜庵待庵是日本最著名的茶室建筑。据信它是室町后期到桃山时期的著名茶匠千利休（1522~1591 年）的作品。千利休发展了日本茶道的“寂侘”禅学理念，他的茶道风格又被称为“千家流”。

待庵用原木结构，草葺屋顶，白纸窗扇，抹泥墙面，十分简朴自然。不过与龙安寺石庭一样，这看似平淡的设计其实也极具美感，耐人寻味。例如，客入茶室中最先看到的墙面被分为左右两边。右边正对入口，是借鉴于书院建筑的龛形“床之间”。它的“虚”与左边墙的“实”

图 7　千利休，妙喜庵待庵茶室，京都

构成了对比。虚深实浅，虚大实小，两者又在视觉上得到平衡。床之间被木框限定，偏上的木枋又将它再分为上小下大、上实下虚的两个矩形。这一分割与左边墙因下部白色墙纸划分的上宽下窄、上深下浅两个部分构成了呼应。床之间或摆放插花的竹筒，画装饰写有“妙喜”二字的挂轴。鲜花与肃壁、白纸与灰墙、动感的草书与空间中的横竖线条相对比，因而成为空间的视觉焦点。值得注意的是，挂轴的装裱也强调了线面的构图。它的天杆和轴杆、天头和地脚、惊燕、上下隔水和上下锦眉以及画心的书法，与室内的炉灶铁壶、乐瓷茶具、木枋和木柱、白纸和灰墙一同成就了待庵空间点、线、面与黑、白、灰的大构图（图 7）。

千利休视艺术为人生，由寂侘至简约，化实物为抽象。如果要问他的建筑与现代荷兰风格派（De Stijl）画家皮特•蒙德里安（Piet Mondrian）的构图“孰美？”，我会说：“千美甚”。

大德寺聚光院障壁

京都龙宝山的大德寺是临济宗佛教的著名禅院，1591 年千利休被大将军丰臣秀吉赐以切腹自戕后，他的首级就被厚葬于此。全寺有二十余组院落，其中珍珠庵的茶室“庭玉轩”和大仙院的枯山水庭园都是禅宗建筑艺术的杰作。大德寺的另一个著名院落是聚光院。院内方丈前的庭园据说是千利休的作品。而方丈内的当心间“室中之间”和西稍间“上之间”障壁推拉门上的水墨花鸟图及琴棋书画图，由安土桃山时期的狩野派著名画家狩野永德（1543~1590 年）绘制，更为著名，已被列为日本的国宝。

狩野派水墨画的风格远宗中国南宋的马（远）夏（圭）风格和它的明朝继承者浙派，近效日本本土的周文和雪舟等扬。所不同的是，中国绘画以手卷和立轴为主要形式，因此独立于建筑，而日本的障壁本身就是建筑的“墙面”。如果说悬挂于墙上的手卷和立轴像是观看景物的“窗户”，那么障壁上的图像更像是景物本身。墙上的画令观者产生距离感，适合高坐和站立观看，而障壁就在观者身边，可以席居赏阅。永德熟谙障壁的这一特点。他为聚仙院方丈绘制的山水景物可以说就是庭院空间的延伸。其中室中之间是住持的客室，障壁上的松梅、泉

图 8　狩野永德，大德寺聚光院障壁，京都

图 9　狩野探幽，二条城城堡二之丸御殿大广间金碧障壁，京都

石和禽鹤都取近景，使人席坐于室内，却仿佛是在溪畔和树下（图 8）。而上之间是住持的私人空间，障壁上的人物山水是远景。它们扩大了上之间的空间视域，也象征了住持隐居的山林和修行的道友。

永德之孙狩野探幽（1602~1674 年）也是一位杰出的画家。德川幕府所在的二条城城堡内的主殿是二之丸御殿，其中大广间内的大和绘风格金碧障壁就是他的著名作品。大和绘是中国唐代的青绿风格山水画在日本的继续，又从室町时期以后被发展成为以金银箔或金银泥为主调，色彩艳丽的“浓绘”，广泛用于障壁和屏风绘画。探幽显然继承了祖父对于绘画与建筑空间关系的理解。在大将军坐席背后的“床之间”墙上，他绘制了一棵形如华盖的巨松。松树象征了大将军的气概，同时又构成了衬托他的空间环境，而在这个空间中，他既是主宰，也是焦点（图 9）。

明朝董其昌文人画理论主导画坛之日，也是中国艺术家与工艺及建筑开始分离之时。福兮祸兮？答案或在日本。

12

20世纪之前的美国建筑

引言

19世纪是西方建筑的折中主义时代。在这个时代里，各种历史风格的建筑构成了设计创作的主流。这个时代又是一个追求和探索的时代，不仅建筑的各种历史风格在这时被重新认识、重新解释、重新评价，许多建筑的基本问题也被提出、被思考。例如，从希腊和罗马的古典建筑中，人们发现了它与一种民主和共和的社会制度的关联，发现了它的构件在结构上的理性，也发现了它所具有的严整、端庄和真率的美感。从哥特式建筑中，人们发现了它的浪漫情调，它的结构的明晰性，以及它在工艺方面所表现出的精益追求。这些发现促进了人们对于在建筑中表现功能、表现结构、表现材料与工艺的认识，也促进了人们对于通过建筑表达理性、表达人情、表达时代精神的追求。这个时代孕育了19世纪后期的工艺美术运动，孕育了后来的现代建筑运动，还造就了一大批伟大的建筑师和理论家，如德国的K.F.辛克尔（K.F.Schinkel）、G.森佩尔（G.Semper），法国的勒杜（Ledoux）、部雷（Boullée）、杜兰德（Durand）、维奥莱•勒-杜克，以及英国的A.W.普金（A.W.N.Pugin）、约翰•拉斯金（John Ruskin）、威廉•莫里斯（William Morris）。他们是现代建筑的先驱者，他们关于建筑的思考曾经影响了世界，而且至今仍是建筑理论中的重要话题。

美国建筑的历史实际上是欧洲建筑的发展在新大陆的延伸。在美国独立之前，这里曾是欧洲人的殖民地，因此

原载陈志华主编，李宛华、陈衍庆副主编，《西方建筑名作（古代—19世纪）》，郑州：河南科学技术出版社，2000年。

它的建筑主要是各种欧洲样式的“殖民地风格”（Colonial Style）及根据当地条件创造的乡土风格，如以木板或木片为材料的“鱼鳞板式”（又称为“雨淋板式”，Shingle Style）和仿南亚建筑的“班加洛风格”（Bungalow Style）。独立之后，美国在文化上仍然受到欧洲的影响，当时盛行的法国“古典复兴”与英国的“哥特复兴”风格同样也是美国流行的建筑式样。19世纪中期以后，更有很多美国建筑师从巴黎美术学院毕业回来，他们成为19世纪末美国学院派古典主义建筑创作的核心力量。

然而，美国建筑并非欧洲建筑的翻版，它的发展也体现了美国建筑家们自己的理想与独立的追求。例如，在国家独立之初，杰弗逊总统（他同时也是一位杰出的建筑家）就试图用古罗马的建筑样式去表达他对共和的追求。19世纪70年代，以理查德森为代表的美国本土生的建筑师又试图寻找一种具有独特个性的建筑语言。由他探索成功的建筑风格被后人称作“理查德森罗曼式”。19世纪80年代，诞生了著名的“芝加哥学派”。以坚尼、鲁特、沙利文和伯纳姆为代表的一批建筑师为20世纪以前的世界建筑史写下了最令美国人自豪的篇章。而在新的世纪来临之际，美国现代最伟大的建筑师赖特也登上了世界建筑舞台。在他的作品中，人们不仅能够感受到美国乡土的建筑风格和英国的工艺美术运动的影响，还可以看到他对理查德森和沙利文等人的继承与发展。

对世界文化遗产的开放吸收，对现实的认真思考，以及在创作上的不懈追求，永远是建筑发展的重要动力。美国的建筑历史就是一个很好的证明。

宾夕法尼亚省省政厅（独立宫），费城

The State House of the Province of Pennsylvania(Independence Hall), Philadelphia

设计者：安德鲁·汉密尔顿（Andrew Hamilton，约 1676~1741 年）
建造时间：约 1730~1748 年

费城宾夕法尼亚省省政厅（独立宫）是美国历史上一座重要的纪念物。1775 年 5 月，英属北美 13 个殖民地的代表在这里召开了第二届大陆会议（The Second Continental Congress），决定组织军队，以武力争取独立，并任命乔治•华盛顿（George Washington,1732~1799 年）为总司令。1776 年 7 月 4 日，由托马斯•杰弗逊（Thomas Jefferson）起草的美国独立的纲领性文献《独立宣言》在这里讨论并签署。1787 年，这里还召开了美国的宪法大全（The Consititutional Convention）。在美国政府迁往华盛顿之前这里一直是国会的所在地。

安德鲁·汉密尔顿

独立宫是美国建筑史上“乔治风格”（Georgian Style）公共建筑的范例。乔治风格兴起于 18 世纪英国的乔治王朝时期（1714~1830 年），也是美国在独立之前和独立之后一段时期里许多“殖民地风格”中最主要的一种。这一风格忠实于古典建筑和意大利文艺复兴时期的建筑原则，尤其是建筑大师帕拉第奥所总结的古罗马建筑的法则，以及他本人的创作典范。这种风格的建筑最显著的造型特点是：平面呈长方形，左右对称，立面通常为两层，并有一个基座层，外观朴素，但严谨庄重。在它的后期，建筑立面通常有由古典式山花作为装饰的中心开间或门廊，将立面上分成左中右的三段式，有时还有通高的外壁柱，窗户常常有三角形的山花或拱心石

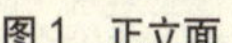

图 1　正立面

构成的框缘。宾夕法尼亚省省政厅的外墙采用普通的红砖材料，显得非常平易，建筑的尺度也很亲切。两旁的附属建筑通过两个拱廊与中间的主体建筑连接起来，在立面上形成了五段式的框图，这也是帕拉第奥式的。主体建筑的墙角用角隅石作为装饰，这在乔治式建筑中很常见，既符合结构逻辑，又具有装饰性。主体建筑背后的钟楼建于 1753 年，在它的二层部位开的大窗是帕拉第奥母题式样的——中间一个半圆拱形的窗洞，两旁各有一个长方形的侧窗洞。

美国早期的建筑大多数是由业余建筑师设计的，这座省政厅也不例外，它的方案起草人汉密尔顿是一位律师。由于他曾经到过英国，对那里的最新建筑风格比较了解。

在当时，由于美国建筑师的职业尚未独立，房屋的设计与施工通常都是由工匠承包的。承造省政厅的匠师名叫埃德蒙•伍利（Edmund Woolley，1696~1771 年），他是费城城乡木匠合作社（Carpenter's Company of City and County of Philadelphia）的成员。这个合作社是一个带有中世纪行会和现代工会双重特点的组织。这座省政厅又是该合作社全盛时期最重要的作品。18 世纪末期，随着越来越多的非合作社成员建筑师，包括外地的建筑师到费城从事建筑设计，木匠合作社的黄金时代也就结束了。这一转变反映了建筑业内部专业分工的深化，它也是建筑现代化的一个标志。

作为一栋重要的历史纪念物，宾夕法尼亚省省政厅经历了多次复原和修缮，现在所保持的是 1776 年时的面貌。

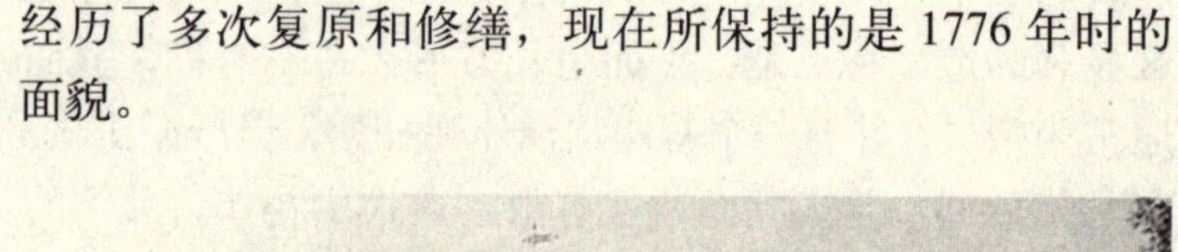

图2　外观

白宫，华盛顿

White House, Washington D.C.

主要设计者：詹姆斯•霍班（James Hoban，约1762~1831年）、本杰明•亨利•拉特鲁伯（Benjamin Henry Latrobe，1764~1820年）

建造时间：1792~1829年

詹姆斯•霍班

本杰明•亨利•拉特鲁伯

1783年独立战争结束，原来13个英属北美殖民地独立。1787年联邦共和国成立，即美利坚合众国。第一任总统华盛顿决定，不依托任何一座城市，而在马里兰州和弗吉尼亚州交界的波托马克河畔另建首都。1791年，法国工程师皮埃尔•查尔斯•朗方（Pierre Charles L'Enfant, 1754~1825年）被华盛顿指定为新首都的规划师。

朗方的规划将方格形与放射形的路网结合起来构成城市的道路结构，具有很明显的巴洛克城市的特点。这些道路有两个主要的焦点，也是原来基地上的两个至高点。在这两个焦点上，朗方规划了两座最重要的政治建筑，即总统府和国会大厦。国会大厦在东端，它的西边是一片宽广的大草坪——陌区（Mall）；总统府在西北，它的前面同样有一片大草坪——总统花园。花园向南延伸与陌区相连，在交点上后来矗立起一座高耸的方尖碑——华盛顿纪念碑（1884年），陌区的西端还建造了林肯纪念堂（1922年）。

由于朗方不能与建设委员会很好地合作，他在1792年被解职。为了选择合适的国会大厦和总统府的建筑师，当时任国务卿的托马斯•杰弗逊以他对民主制度的理念，提出举办设计竞赛。

总统府——白宫设计竞赛的中标者是建筑师霍班。另一个署名"A.Z."的方案获得第二名，它以意大利文艺复兴时期的建筑巨匠帕拉第奥的圆厅别墅为样板。事后人们发现这个方案出自国务卿杰弗逊之手。

霍班的设计同样受到了帕拉第奥的影响。它像是一座典型的18世纪中期的英国府邸，外观是乔治风格的，平面呈长方形，立面的左右上下都是三段式，东西山墙上还各有一个帕拉第奥母题式的大窗。

白宫在建成之后，又经历了多次改造。1807年，已担任总统的杰弗逊和建筑师拉特鲁伯在建筑的东西两侧加建了平台。1829 年，拉特鲁伯又加建了带有古典山花和爱奥尼柱式的北门廊，并根据霍班的设计完成了建筑南立面上半圆形的外廊。

值得说明的是，美国早期的建筑师大多是业余的。拉特鲁伯和国会大厦工程的另一位建筑师查尔斯•包芬奇（Charles Bulfinch，1763~1844 年）被认为是美国第一代专业建筑师。

白宫建筑的室内在西奥多•罗斯福（Theodore Roosevelt）总统任内（1901~1909 年）又经过了重大改造，原有的维多利亚风格（Victorian Style）装饰被改成古典风格。负责这项工程的是当时极为著名、以设计古典风格见长的麦金、米德和怀特建筑师事务所。

白宫最重大的改造进行于 1948~1952 年。除了外墙之外，整个建筑基本进行了重建。内墙板和装饰件都被编号卸下，在全部结构柱被换成钢框架之后又重新安装复位。

图 1 霍班设计的立面

图 2 杰弗逊设计的立面

图 3　现在的南立面

图 4　一楼中央大厅

图 5　现在的北立面

图 6　从西北方眺望

图7 内部结构

1—餐厅；2—红厅；3—蓝厅；4—绿厅；5—东厅；6—南门廊；7—地图厅；8—贵宾室；9—瓷器厅；10—银厅；11—图书室；12—参观入口；13—地下室；14—东北出口；15—二楼和三楼；16—入口和过厅

国会大厦，华盛顿

United States Capitol, Washington D.C.

主要设计者：威廉·索恩顿（William Thornton，1759~1828 年）、查尔斯·包芬奇（Charles Bulfinch，1763~1844 年）、托马斯·尤斯蒂克·沃尔特（Thomas Ustick Walter，1804~1887 年）等

建造时间：1792~1865 年

1792 年，在为总统府和国会大厦征集方案的设计竞赛中，有 17 个方案参加了国会大厦工程的角逐。由于当时美国缺少高水平的建筑师，评委会对所有方案都不甚满意。最后，一个补交的方案获得了亚当斯总统和杰弗逊国务卿的首肯，这个方案出自一位年轻的医生之手，他叫威廉•索恩顿。

威廉·索恩顿

索恩顿的方案以一个穹隆顶的大厅为中心，在它的两侧分别设置众议院和参议院。建筑的外观风格与总统府一样，也是当时非常普遍的乔治式。

索恩顿是一位业余建筑师，他只参与了方案设计。国会大厦的建造是在另几位建筑师的主持之下完成的，其中有斯蒂芬•哈雷特（Stephen Hallet，1792~1794 年主持），以及白宫的建筑师霍班（1794~1803 年主持）和拉特鲁伯（1803~1812 年主持）。

查尔斯·包芬奇

在 1812 年的英美战争中，国会大厦和白宫等首都建筑都遭到了英军的纵火焚烧。1815 年，拉特鲁伯继续主持工程。另外一位建筑师包芬奇 1817 年接替了他的工作。包芬奇在索恩顿方案的基础上作了一些改进，如加建了鼓座，提高了穹隆顶的高度，还加宽了立面上的柱廊，使得原来平淡的设计变得非常壮观。该工程在 1829 年告竣。

1851 年，随着一些新州加入联邦，美国的人口增加为先前的 9 倍。原有的国会大厦面积已不敷使用。在新的扩建方案竞赛中，建筑师沃尔特的方案中选。沃尔特是后来的美国建筑师学会的发起人之一和第二任会长。在扩建方案中，他将建筑的南北两侧延长，设置了新的参众两院。为了与原有建筑相协调，他依然用毛石作为基座层的外墙，并按照索恩顿的设计，采用了科林斯式的巨柱山花作为新建部分的立面。这一时期正值美国建筑“希腊复兴风格”（Greek Revival Style）盛行之时，

托马斯·尤斯蒂克·沃尔特

所以新建部分的细部带有明显的希腊风格的特点。由于采用了马萨诸塞州的大理石，新建部分在颜色上与原有部分所采用的弗吉尼亚砂石略有不同。

1851年国会大厦曾遭大火、部分毁坏。加建时沃尔特决定采用铁结构。所以国会大厦又是当时美国用铁最多的一座公共建筑。

两翼的扩建改变了原有建筑中心穹隆与整体的关系。1855年，当两翼接近完工的时候，沃尔特又设计了一座巨大的穹隆顶以平衡建筑新的体量。为了获得高耸的外观效果，他借鉴了克里斯托夫·雷恩设计的伦敦圣保罗大教堂。由于新的穹隆必须立于原有墙体的基础之上，沃尔特采用了铁桁架承托、铸铁板做成的外壳，这

图1　索恩顿设计、包芬奇完成的平面

图2　索恩顿设计的立面

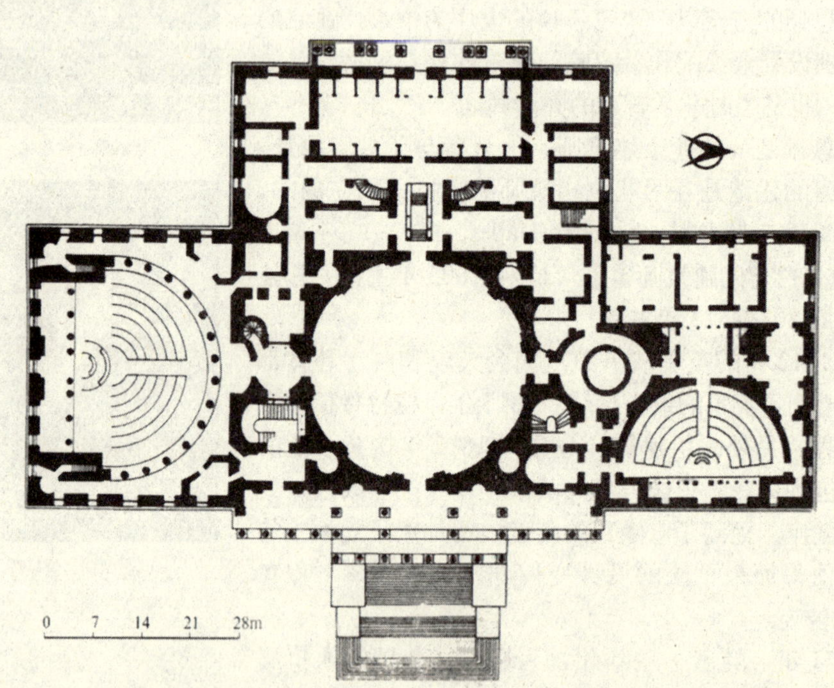

图3 索恩顿设计、包芬奇完成的立面

不仅大大降低了自重，还消除了原有穹隆因采用木结构给建筑带来的火灾隐患。

穹隆的工程从1855年开始，到1864年美国南北战争爆发时尚未完工。虽然当时建筑材料由于战争而非常紧缺，但林肯总统坚持把工程继续下去，他说："这是我们要使联邦制保持下去的一个象征。"

1899年，在由开业建筑师们投票的评比中，国会大厦建筑获得第一名。

1960年，国会大厦又得到进一步的改造，东立面山墙向前扩展了约9m。

美国国会大厦的名称"Capitol"来自意大利罗马城内古罗马的主神朱庇特神庙所在的卡比多山（Capitoline Hill。）这个名称最早被杰弗逊用于他所设计的弗吉尼亚州议会大厦（State Capitol, Richmond, Virginia, 1791年），因为他认为美国的政治制度是以古罗马的共和制为样板的，议会大厦就是共和制的象征。

图4　远眺（现在的形式）

图5　华盛顿总平面

图6　鸟瞰

弗吉尼亚大学，查洛特斯维尔

University of Virginia Rotunda, Charlottesville

设计者：托马斯·杰弗逊（Thomas Jefferson，1743~1826 年）
建造时间：1825 年

托马斯·杰弗逊

美国第三任总统托马斯•杰弗逊不仅是一位杰出的政治家，还是一位杰出的建筑师。他的建筑创作在美国建筑史上有着重要的位置，并具有广泛的影响。他是 18 世纪末到 19 世纪初美国建筑新古典主义的代表人物。他的作品所代表的风格在建筑史上被称为“杰弗逊式”（Jeffersonian Style）或“杰弗逊古典主义”（Jeffersonian Classicism）。

杰弗逊在大学期间就阅读了许多建筑方面的著作，并深受意大利文艺复兴晚期建筑家帕拉第奥的影响。1785~1789 年，他出使法国，在那里获得了更多的有关古典建筑的知识。

杰弗逊的代表作品有他的自宅（Monticello，1769~1775 年）、弗吉尼亚州议会大厦（Virginia State Capitol，1791 年）和弗吉尼亚大学校园建筑。1792 年，作为国务卿的杰弗逊还曾匿名参加了美国总统府白宫的设计竞赛，并获得第二名。

杰弗逊为创办了弗吉尼亚大学而感到十分自豪。在他为自己所拟的墓志铭中这样写道：“这里埋葬着托马斯•杰弗逊，美国独立宣言和弗吉尼亚宗教自由法的起草者及弗吉尼亚大学之父”——他甚至没有提及自己曾经担任过美国总统。

杰弗逊亲自规划了弗吉尼亚大学校园，并设计了图书馆。尽管当时他已 82 岁高龄，但仍借助于一台装在家里的望远镜监造了学校的工程。

弗吉尼亚大学校园是杰弗逊所构想的“学术庄园”（Academical Village）。整个校园由相互平行的四排建筑组成，它们之间是开阔的大草坪。这几排建筑中，二层高的单体建筑是教授的住宅、教室以及餐厅，与它们相连的一层部分是学生们的宿舍。当中的两排建筑在一个尽端与学校大图书馆相连。图书馆构成了整个校园规划的视觉中心。开放的校园空间是杰弗逊这一规划的主要特色，它完全不同于以英国牛津大学、剑桥大学为代表的哥特式校园的合院式空间。当时的大学校园规划一般都以这两所大学的合院布局为模式，杰弗逊规划的弗吉尼亚大学为新的大学校园设计提供了一个典范。

校园建筑的外形参照了一些著名的古典建筑或帕拉第奥著作中所绘的建筑式样。其中图书馆的样本是古罗马的万神庙（Pantheon，约126年），但杰弗逊并未照搬万神庙的设计——新建筑的体量仅是万神庙的1/2；由于体量缩小，它的门廊是六柱五开间，不同于万神庙的八柱七开间；新建筑门廊上的楣梁还延伸至圆形的外墙体上，形成一条白色的装饰带，也与万神庙不同，显得更加精致。

杰弗逊之所以大量采用古典建筑，特别是罗马建筑的式样，是因为他认为这种建筑风格更能表现美国

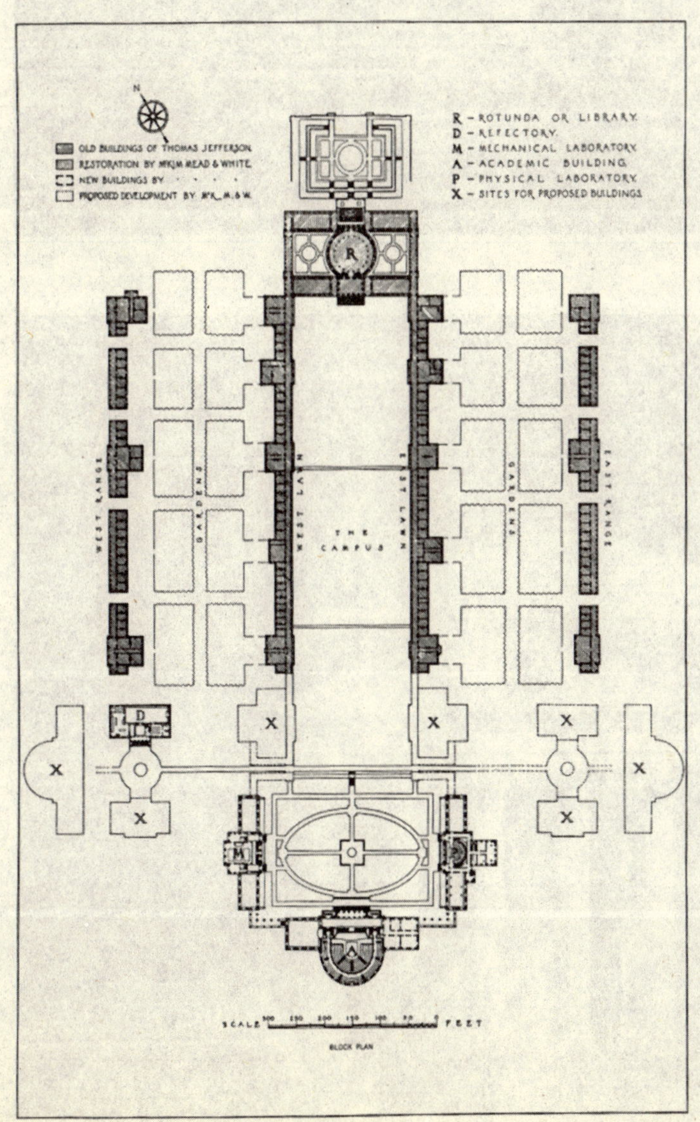

图1 校园平面

图 2 校园远眺

图 3 图书馆外观

图 4 校园鸟瞰

人民的共和追求与理想。所以“杰弗逊古典主义”在美国建筑史上也被称为“罗马复兴风格”（Roman Revival Style）。它与“联邦风格”（The Federal Style）和“希腊复兴风格”（Greek Revival Style）是美国 18 世纪和 19 世纪的“古典复兴风格”（Classical Revival Styles）的三个分支。它们的主要特点是采用对称构图，以山花、希腊和罗马柱式作为主要构图要素，追求简洁、庄重和富有纪念性的外观效果。

纽约三一教堂

Trinity Church, New York

设计者：理查德•阿帕丈（Richard Upjohn，1802~1878 年）

建造时间：1846 年

理查德•阿帕丈

美国建筑师学会成立于 1857 年，理查德•阿帕丈是它的发起人之一和第一任会长，他任该职长达 18 年。阿帕丈一生设计了许多不同类型的建筑，仅教堂就有 100 多座。他还改建、改造了许多座教堂，被称为“美国哥特复兴之父”（The father of Gothic Revival in America）。

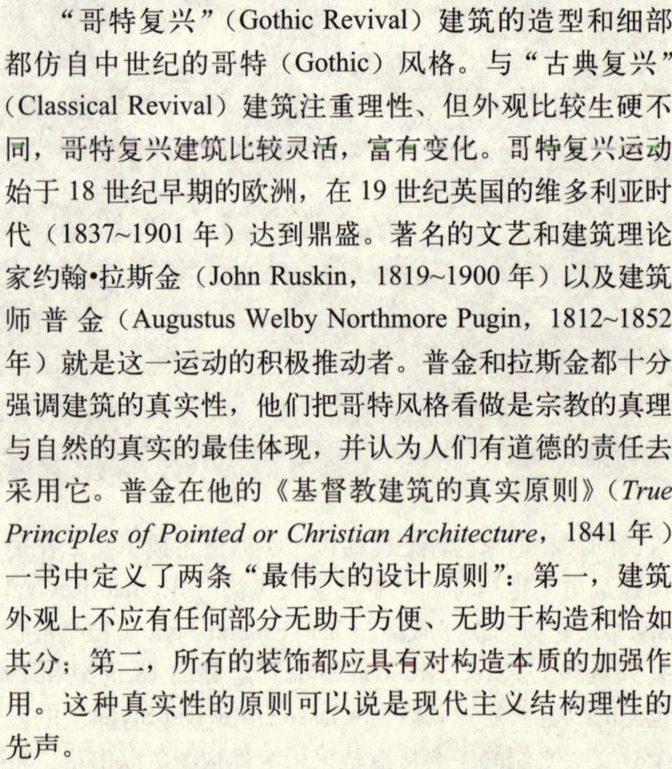

“哥特复兴”（Gothic Revival）建筑的造型和细部都仿自中世纪的哥特（Gothic）风格。与“古典复兴”（Classical Revival）建筑注重理性、但外观比较生硬不同，哥特复兴建筑比较灵活，富有变化。哥特复兴运动始于 18 世纪早期的欧洲，在 19 世纪英国的维多利亚时代（1837~1901 年）达到鼎盛。著名的文艺和建筑理论家约翰•拉斯金（John Ruskin，1819~1900 年）以及建筑师普金（Augustus Welby Northmore Pugin，1812~1852 年）就是这一运动的积极推动者。普金和拉斯金都十分强调建筑的真实性，他们把哥特风格看做是宗教的真理与自然的真实的最佳体现，并认为人们有道德的责任去采用它。普金在他的《基督教建筑的真实原则》（*True Principles of Pointed or Christian Architecture*，1841 年）一书中定义了两条“最伟大的设计原则”：第一，建筑外观上不应有任何部分无助于方便、无助于构造和恰如其分；第二，所有的装饰都应具有对构造本质的加强作用。这种真实性的原则可以说是现代主义结构理性的先声。

阿帕丈设计的纽约三一教堂被称为美国第一栋哥特复兴风格的重要作品，尽管在此之前也有一些建筑采用了这种风格。三一教堂不仅本身得到了广泛的承认，也确立了阿帕丈作为一名著名的教堂建筑师和哥特风格大师的地位。在此之后，哥特复兴风格成为美国教堂建筑的主导风格。

普金曾在《基督教建筑的真实原则》一书中绘制了一张他理想的教堂的透视图。纽约三一教堂的外观设计就模仿自它。但阿帕丈在建筑的木结构屋架下面用抹灰仿造哥特式的尖券穹隆的做法却与普金主张的真实性原则并不一致。

图 1 透视图

图2 外观

图3 内景

波士顿三一教堂

Trinity Church, Boston

主要设计者：亨利·霍布森·理查德森（Henry Hobson Richardson，1838~1886 年）

建造时间：1872~1877 年

亨利·霍布森·理查德森

波士顿柯普里广场上的三一教堂是美国建筑史上最著名的作品之一。它的设计人理查德森，与沙利文和赖特一道被称为“三位最伟大的美国本土生建筑师”（Three greatest American born architects）。

理查德森 1859 年毕业于哈佛大学土木工程专业，之后去法国留学，是继理查德•莫里斯•汉特（Richard Morris Hunt，1827~1895 年，AIA 的发起人之一和第三任会长，设计过纽约大都会博物馆等建筑）之后毕业于巴黎美术学院这座 19 世纪欧洲艺术古典主义的大本营的第二位美国学生。他 1865 年回到美国，开始了自己的建筑师生涯。他于 1886 年病逝，年仅 47 岁。

理查德森生活在建筑的折中主义时代，在他之前，美国的建筑师和建造商们一直惟欧洲时尚的马首是瞻。南北战争前，美国流行的是英国、法国、荷兰和西班牙等国的殖民地建筑风格；南北战争后，又以英国的哥特复兴和法国的古典复兴风格为主要的设计式样。虽然受到时代的局限，理查德森也是一位折中主义的建筑师，但他与同时代的大多数人不同，因为他并不是从古典风格、哥特风格或伊斯兰教建筑中去寻找灵感，而是把视线投向了中世纪的罗曼式风格（Romanesque）。与古典风格相比较，这种风格比较自由，而不拘谨刻板；与哥特风格相比，它又没有那种很强的宗教气息。更重要的是，理查德森在创作的出发点上与其他人迥异，他一反当时堆砌、造作的设计时尚，而使设计回归到建筑的基本出发点，如结实的墙体、拱形的门窗、具有几何感的体量、光影的变化、自然的材料，等等。他成功地探索出一种具有个人特色的建筑风格，被后人称为“理查德森罗曼式”（Richardson Romanesque）。这是折中时代的建筑中第一个由一位美国建筑师探索成功，而不是从欧洲的建筑师那里照搬过来的一种风格。

波士顿三一教堂体现了理查德森早期的个人风格，也是他的事业走向高峰的标志。这栋建筑所在的地段狭

图 1　立面（原初设计）

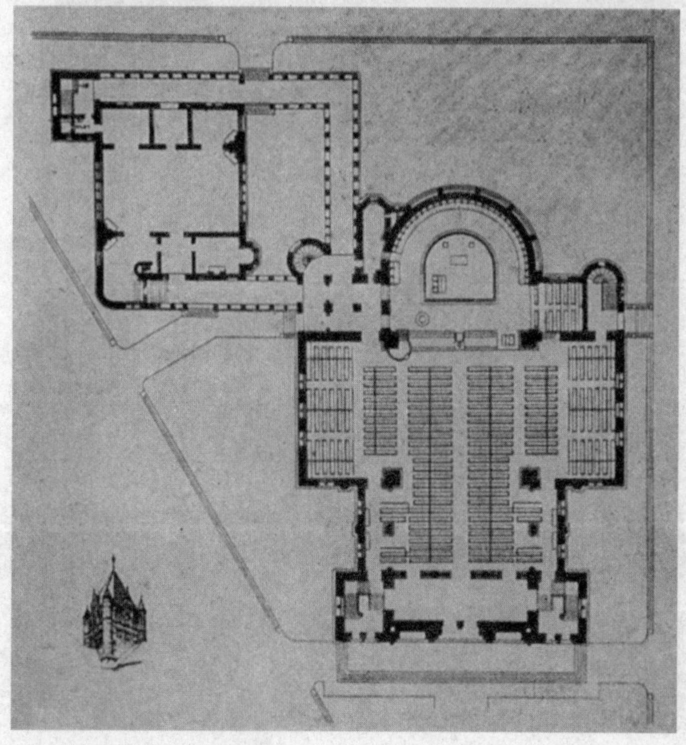

图 2　平面

图3 外观

小，且呈梯形，设计难度较大。又由于用地四周是环路，所以它又是该地区的一个视觉焦点。理查德森没有采用哥特式教堂长中厅，并将钟楼置于入口旁侧的做法，而是采用了希腊十字的集中式平面构图，将建筑的塔楼置于中心，使得建筑从周围任何一条街道看去都有很好的视觉效果。

在外形上，理查德森刻意表现建筑的体积感和雕塑感，例如他用石头作为建筑材料，墙体外表面的石材并不凿平，而保留其粗犷的效果；建筑立面上的门窗洞很深，光影效果很强，建筑显得十分厚实雄浑。

这栋建筑还有较明显的维多利亚时代的特点，如建筑细部比较忠实于罗曼风格，外墙面用不同颜色的石材作为装饰条带，室内也采用了红、蓝、绿以及金等比较强烈的色彩。在理查德森后期的建筑中，建筑的细部趋于简洁，

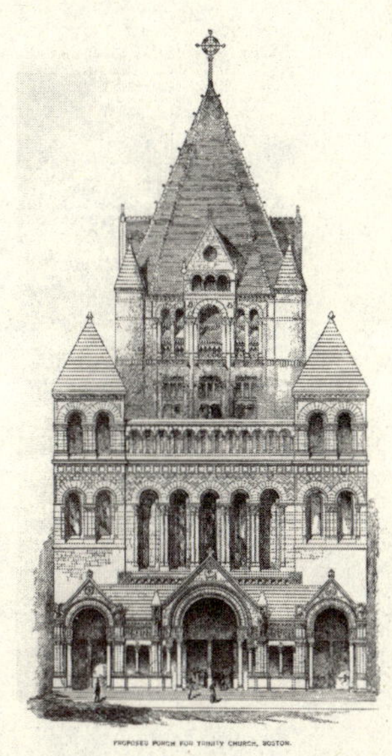

图4 现状立面

图5 入口

图6 理查德森所绘室内渲染图

外观的色彩也更单一，夸张的罗曼式半圆拱成为理查德森风格的重要构图元素（见“约翰•格莱斯纳住宅”）。

后来成名的建筑师麦金和怀特二人都曾在理查德森的事务所工作过。三一教堂塔楼具有维多利亚哥特风格特点的细部被认为出自怀特之手，而教堂的门廊是理查德森的业务继承人乔治•福斯特•舍普里（George Foster Shepley，1860~1903 年）、查尔斯•赫库雷斯•鲁坦（Charles Hercules Rutan，1851~1914 年）和查尔斯•阿勒顿•库利奇（Charles Allerton Coolidge，1858~1936 年）完成的，但他们都遵守了理查德森的创作意图。

这件作品在 1885 年被评为美国最佳建筑。

附带要说的是，舍普里、鲁坦和库利奇三人组成的事务所在美国建筑史上也颇负盛名，留下许多名作，其中包括斯坦福大学、芝加哥大学和哈佛大学的一些校园建筑。库利奇还曾在 1927 年受美国建筑师学会的推举，担任了北京图书馆设计方案竞赛的评委。

图 7 内景之一

图 8 透视图

图 9 内景之二

约翰·格莱斯纳住宅，芝加哥

John J. Glessner House, Chicago

设计者：亨利·霍布森·理查德森

建造时间：1885~1887 年

格莱斯纳住宅是理查德森设计的最精致的城市住宅，充分表达了他追求一种现代式的建筑的愿望。如建筑外表的石材非常粗犷，立面构图力求简洁，没有装饰雕刻，石头的颜色也很单一，立面的装饰效果完全来自对门窗洞口的安排和不同大小的石材的配置，以及扇形的发券与水平的砌筑之间肌理的对比。东、北两个立面最引人注目的是门上的大石拱，它们来源于欧洲中世纪早期的罗曼式风格。对于这种风格，理查德森曾经作过深入的研究。经他发展的新罗曼风格造型简洁，但圆拱券更夸张，而且质地粗犷，显得非常雄劲有力，在美国建筑史上被称为"理查德森罗曼式"。

这栋建筑在功能上也非常合理，是理查德森最好的设计之一。由于主人把这栋建筑当做冬天使用的住宅，所以主要的生活空间都面向南部的庭院，尽量争取冬天的日照，同时避开芝加哥冬季凛冽的寒风。许多建筑师，如伯纳姆、麦金、密斯都认为这栋住宅是理查德森最成功的作品。

理查德森在作完设计的第二年，即 1886 年病逝。这栋建筑由他的业务继承人库利奇和舍普里按照原设计

图 1　平面

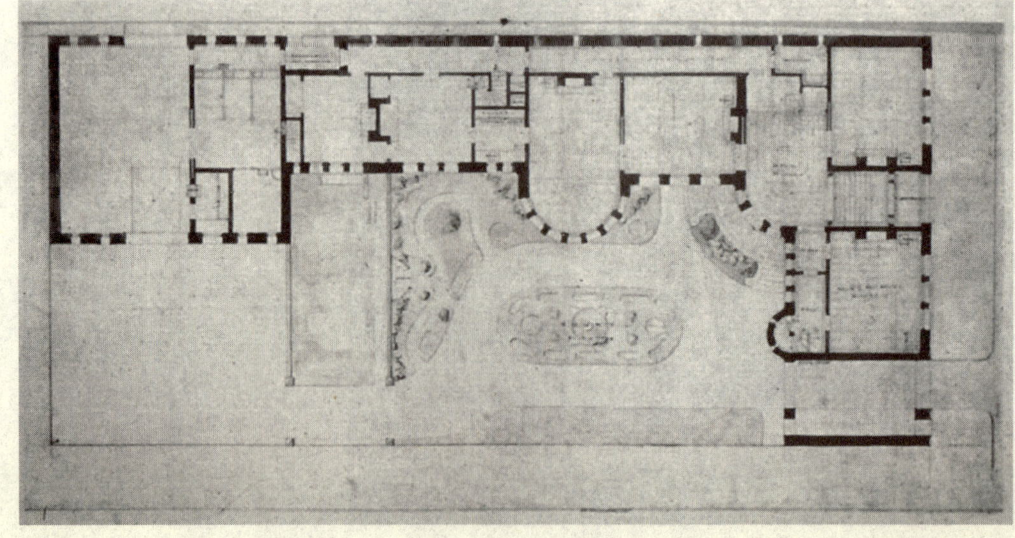

完成。

理查德森的罗曼式拱券是美国建筑的一个经典母题。它被许多建筑师采用，并根据需要在材料、肌理和质感上进行了个性化的再设计。美国建筑大师赖特在1948 年设计的旧金山莫里斯礼品商店的入口，就借鉴了格莱斯纳住宅北立面入口的圆拱造型。

图 2、图 3　外观

芝加哥大礼堂

Chicago Auditorium Building

设计者：丹克麦尔·阿德勒（Dankmar Adler，1844~1900 年）、路易·埃尔尼·沙利文（Louis Henry Sullivan，1856~1924 年）

建造时间：1887~1889 年

丹克麦尔·阿德勒

路易·埃尔尼·沙利文

芝加哥大礼堂是一座以剧场为核心的综合性建筑。它被称为“大礼堂”，而不是剧场、音乐厅、歌剧院，从本质上反映出它所体现的社会和文化理想——一座服务于广大公众的文化建筑。

说起这栋建筑，不能不提到它的业主费迪南德·W. 派克（Ferdinand W. Peck，1848~1924 年）。派克是一位具有社会主义理想的芝加哥房地产商。他非常关心下层工人的生活，并把提高整个社会的文化水平当做自己的理想。为此，他发起组织了芝加哥大剧场联合会（Chicago Grand Auditorium Association），集资为自己的城市兴建一座高质量的文化建筑。为了弥补剧场经营中可能出现的亏损，联合会决定同时建造一座 400 间客房的旅馆和一座可以出租的办公楼。

在当时的欧洲和美国，剧院建筑是少数上流社会人士娱乐和社交的场所，一场歌剧的票价甚至超过一般工人一周的工资。派克希望，新的剧场能够以最低的票价吸引一般的公众享受到最高雅的艺术，并让建筑最好地服务于大多数人。这个理想终于在杰出的工程师和建筑师阿德勒、沙利文的帮助下得到了完美的实现。

这座大礼堂采用了当时先进的钢结构，共有四层，观众席位有 4237 个，比著名的巴黎歌剧院（2156 席）多近一倍，比另一座著名的歌剧院——纽约大都会歌剧院也要多 1200 席 。席位多意味着在同等的演出成本下，每个席位所承担的费用下降。为了让所有的观众都能有均等的视听条件，剧场座位模仿古希腊和古罗马的圆形剧场，采用了扇形的布置方式。在设计初期，派克甚至想取消包厢，以避免贫富的对立。后来虽然出于对当时常规的考虑设置了包厢，但也只有 40 个，仅能容纳 200 人，远远低于同时代的其他剧院（如纽约歌剧院有 122 个包厢，可容纳 732 人）。沙利文把包厢安排在普通席的两侧，它们之间也不相互封闭。他自豪地说：“在美国，我们是民主的。大众需要最佳的席位。你会看到，包厢设在两旁就不能有最好的视线；而在帝国的剧院里，包厢是封闭的，它们占据了最好的位置。”甚至在室内的照明设计上，沙利文也试图追求民主的效果，他将单个灯泡沿着天花的弧形拱均匀分布，而不采用集中式的大吊灯，同样取得了辉煌的装饰效果。

在建筑的外形设计中，沙利文借鉴了美国19世纪另一位杰出的建筑师亨利•霍布森•理查德森设计的一座建筑——马歇尔•菲尔德批发市场（Marshall Field Wholesale Store，1887年）。这栋建筑不仅外观简洁、雄壮有力，更重要的是它那均等的拱形开窗的方式来自于古罗马的输水道和文艺复兴时期的意大利府邸，也被看做是民主的象征。

费迪南德• W. 派克

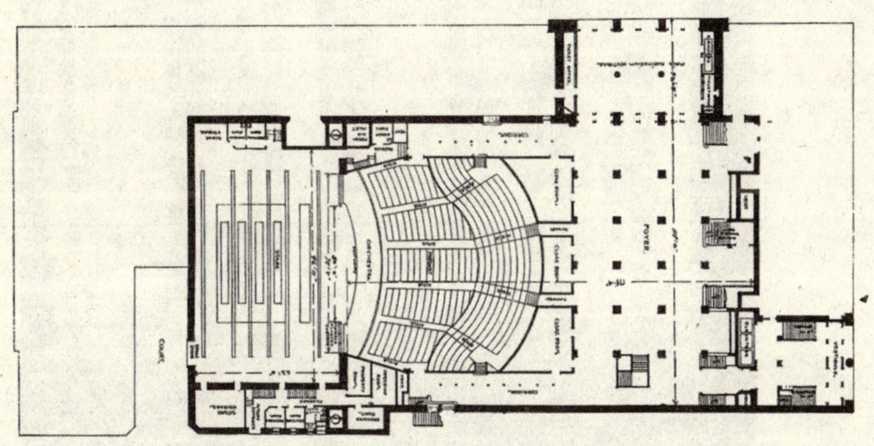

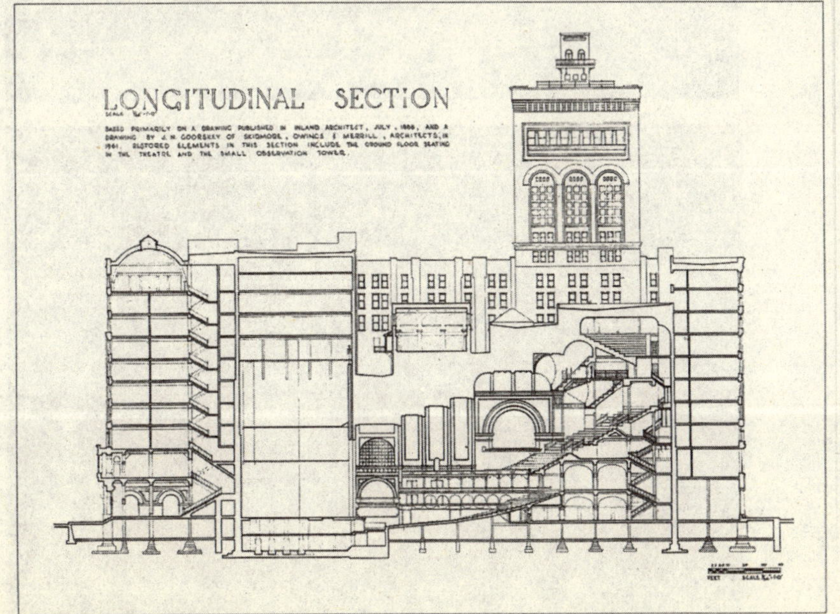

图1 平面及剖面

图 2　东立面

图 3　外观

大礼堂被沿街的旅馆和办公楼部分围在当中。旅馆的入口和主要立面朝向东边美丽的密歇根湖，剧场的入口在建筑的南侧 Congress 大道上，一座 8 层的塔楼耸立在 10 层高的建筑之上，它既有办公室，又有水塔以供舞台液压设备之用。塔的顶部还是一个瞭望台，它曾经是城市的最高点。阿德勒和沙利文的事务所就设在那个有外柱廊的 16 层楼上。

图4 外观

图5、图6 内景

本篇主要参考文献

Joseph M. Siry, 'Chicago's auditorium building: opera or anarchism', *Journal of the Society of Architectural Historians*, 1998, vol.57, no.2.

在大礼堂设计建造期间，后来成为著名建筑大师的赖特正在这家建筑事务所工作。现在大礼堂室内的一些装饰就出自赖特之手。他后来的设计也明显受到沙利文的影响。他们经常在工作之余，在塔楼顶上的事务所里俯瞰着城市明亮的灯火和密歇根湖浩瀚的水面聊至深夜。

芝加哥大礼堂建筑反映了 19 世纪美国进步的社会政治理想，它的成功建造是城市中的社会精英、工程师、建筑师和艺术家共同努力的结果。

芝加哥大礼堂在工程技术上的成就也是十分突出的。在这方面阿德勒功不可没。例如他设计的剧场屋顶天花可以开合，从而改变室内的空间形状，使之适应小到 2500 人的交响音乐会，大到 7000 人的公共集会的不同需要。他还利用冰块制冷，为这座剧场设计了当时最先进的空调系统。这座剧场的声学质量在世界上也享有很高的声誉。

这座建筑在 1970 年被列入美国国家历史场所名单，1975 年被列为国家级历史性建筑。

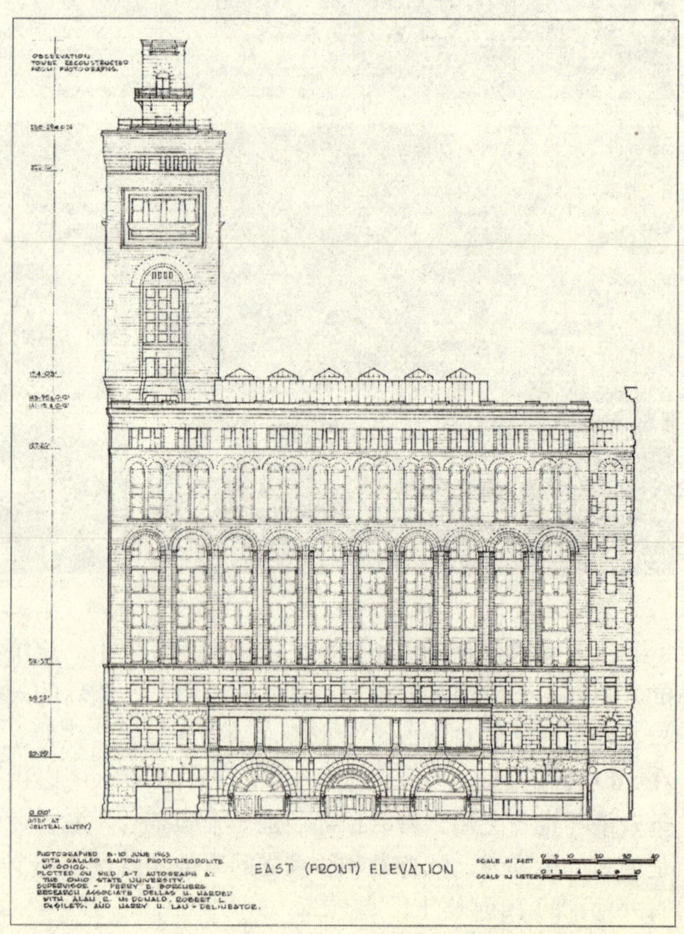

图 7　东立面图

波士顿公共图书馆

Boston Public Library

设计者：麦金、米德和怀特（McKim，Mead and White）建筑师事务所

建造时间：1887~1895 年

波士顿公共图书馆成立于 1848 年，建成于 1895 年，是美国第一座为普通公众设立的大型图书馆。它坐落在柯普里广场上，与广场上的另一栋著名建筑——理查德森设计的三一教堂——遥相呼应，同时又与后者豪放、绚丽的外观相对比，显得典雅和沉静。这一对比还标志着美国公共建筑的风格在 19 世纪末期的一个大转折，即从个性的表现转向追求一种以学院派的教育为基础、以古典的构图原理为法则的统一性。形成这种转变的专业原因是在这一时期里，大量留学法国巴黎美术学院的建筑师回到美国。巴黎美术学院（Ecole des Beaux Arts）从 17 世纪创办到 19 世纪甚至 20 世纪的前半叶，占据了法国建筑教育的主导地位。它注重建筑构图的和谐性与统一性、秩序感，并以准确地把握历史风格为要求的教育传统体现了一种文化的品位，在 19 世纪后期被美国建筑界当做一种整治拜金主义的庸俗与自由竞争的无序的文化策略。同时，经过学院严格训练的专业技能和审美能力，还是许多学院派建筑师挑战非学院派建筑师、工程师，争取市场主动权的有效手段。

查尔斯•麦金 1847~1909 年

威廉•米德 1846~1928 年

波士顿公共图书馆的外表以浅米色的花岗岩为材料，造型风格受到意大利文艺复兴时期府邸建筑的影响。在立面上有一个结实厚重的基座层，中间对称开着三个圆拱形的门，两边是方形的小窗。门上有雕刻家丹尼尔•切斯特•弗兰奇（Daniel Chester French）创作的雕刻，分别代表着音乐与诗歌、知识与智慧、真理与浪漫。与基座层的结实厚重效果相对比，立面二层的石质非常平整，在方形壁柱划分的墙面上开着 13 个间距相等的拱形窗。建筑师麦金说他效法了意大利文艺复兴时期著名的建筑家莱昂•巴蒂斯塔•阿尔伯蒂（Leon Battista Alberti，1404~1472 年）。

图书馆的门厅用华贵的大理石进行装饰，富丽堂皇的大楼梯直通二楼筒拱形天花的大阅览室。

斯坦弗•怀特 1852~1906 年

这栋建筑的设计出自当时美国极为著名的麦金、米德和怀特建筑师事务所。作为折中主义的建筑师，他们的作品不以创意见长，但追求高雅的艺术效果。

麦金（1847~1909 年）1867 年进入巴黎美术学院学习，1870 年回到纽约，在著名建筑师理查德森事务所工作。他曾参加了理查德森最著名的作品之一——波士顿三一教堂的设计。1872 年，他和米德（1846~1928 年）等人合组事务所。1879 年，怀特（1853~1906 年）加入后，他们成立了三人的联合事务所。他们还曾参加过 1893 年芝加哥世界博览会的建筑设计，在美国留下大量作品。1899 年，在一次由开业建筑师投票的建筑评比中，他们设计的波士顿公共图书馆获得第二名，仅次于国会大厦。另一栋他们设计的作品——哥伦比亚大学娄氏图书馆获得第五名。他们众多著名的作品中还包括纽约的宾夕法尼亚大火车站（Pennsylvania Station，1910 年）。这座杰出的新古典主义作品在现代主义盛行的 20 世纪 60 年代中期被拆除，至今令美国公众和建筑界懊悔不已。

麦金是一位毕生献身于事业的卓越建筑师。由他发起创办的罗马美国学院（American Academy in Rome）对于美国建筑教育的发展起到过重要作用。他在 1901~1903 年担任美国建筑师学会的会长，并在 1903 年获得英国皇家建筑师学会（RIBA）的金奖。麦金去世后的第二年，美国建筑师学会授予他金奖。

图 1　一层平面

图 2　二层平面

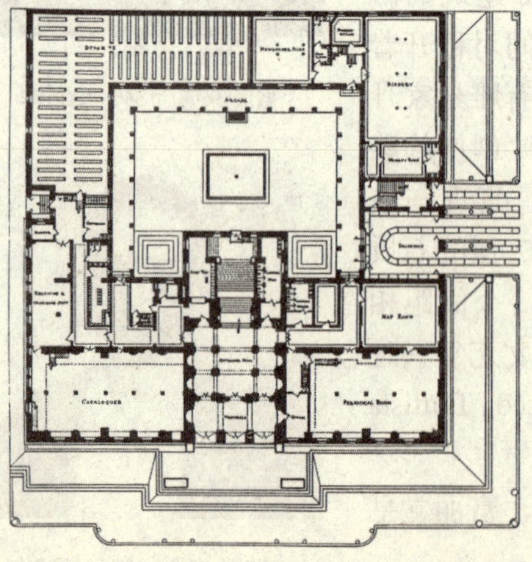

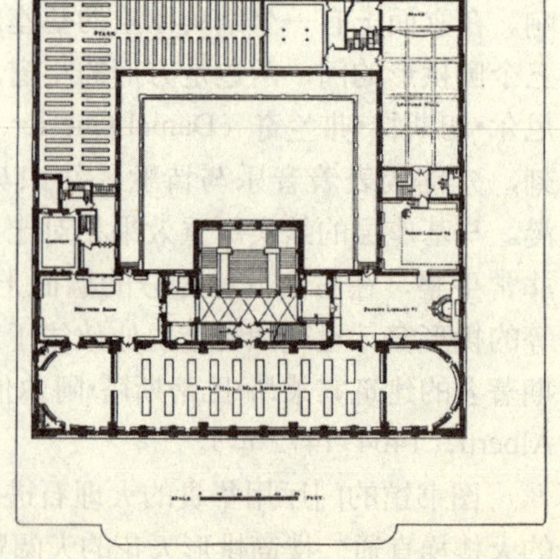

图 3 外观

图 4 阅览室内景

第二雷特大厦，芝加哥

Second Leiter Building,Chicago

设计者：威廉•勒•巴隆•坚尼（William Le Baron Jenney，1832~1907 年）

建造时间：1891 年

威廉•勒•巴隆•坚尼

1871 年 10 月 8 日，芝加哥遭遇了一场特大火灾。这是一场巨大的灾难，它摧毁了将近 1.8 万座房屋，将芝加哥市区在 36 小时之内化为一片废墟。它同时又是一声惊雷，预示了一个现代化都市的新生。如同凤凰在烈火中涅槃，在此后短短的 20 年里，有无数新的建筑拔地而起。伴随着都市的新生，一个重要的现代建筑流派诞生了，它就是后来的建筑史家们所称的“芝加哥学派”。芝加哥学派的主要建筑作品是高层大厦，它是城市土地商品化的结果，因为它能使有限的地皮提供尽可能多的使用面积。它也是现代最新建筑技术的集中体现，因为它需要自重轻、强度高的结构体系和快速便捷的运载工具。它的出现还向传统的建筑美学提出了挑战，因为它要寻求一种最有时代性的表现手段，去表现新的建筑功能、新的建筑类型和新的建筑结构。最重要的是，它还要体现现代社会快速、高效的生产节奏。第二雷特大厦（初名 Siegel, Cooper & Co. Store，又名 Sears, Roebuck & Co. Store）就是芝加哥学派高层建筑的代表作品之一。

第二雷特大厦在建成之初曾被人们看做是一栋宣告了一个新时代的重要建筑。它的设计人是 19 世纪最重要的建筑师之一威廉•勒•巴隆•坚尼。业主雷特要求建筑师设计出一栋“既完整又完美”的建筑，以容下整个零售企业，同时又要有一定的灵活性，在必要的时候可以分割成小的空间。在此之前，坚尼曾尝试过用铸铁柱和木梁设计了较小体量的第一雷特大厦。在第二雷特大厦的设计中，立柱依然是铸铁的，但大梁和小梁都改用钢材。结构的高强度使坚尼可以把建筑外窗开得很大，这在当时是没有先例的。坚尼在 1883 年设计的芝加哥家庭保险大厦（Home Insurance Bldg.）中还发明了用熟铁做水平构件，这种结构体系减少了其他结构支撑，使得业主可以按需要自由安排室内空间。宽大的外窗使得用来采光的中庭不再必需。

在建筑的外观上起结构作用的框架较粗，而非结构的窗间墙和窗下墙较窄。结构逻辑表达得也十分清楚。建筑外观也反映出室内的大空间。

芝加哥学派中的著名建筑师大多没有很强的学院式教育背景，因而能够很自觉地摆脱当时书本中的旧的建筑范式，从实际需要出发设计建筑。坚尼是芝加哥学派中的领袖人物，许多后来成名的建筑师如伯纳姆、沙利文、威廉•霍拉伯德（William Holabird）和马丁•罗彻（Martin Roche）等都曾在他的事务所里工作过。现在，学术界普遍认为，坚尼设计的芝加哥家庭保险大厦是第一栋真正的铁框架结构的摩天大楼。坚尼在19世纪50年代就学于巴黎中央技术学校（Ecole Centrale des Arts et Manufactures），受到这个学校的课程所教导的"功能和结构决定形式"的影响。而业主雷特也是极少数能让坚尼充分表达他的设计思想，在建筑设计中利用并表现最现代的材料的业主。

这栋建筑很早就体现了功能主义，它使得建筑史家们，如吉提翁把它看做"第一栋阻止单纯形式倾向的高层建筑"。

图1 外观渲染图

图2 外观

瑞莱斯大厦，芝加哥

Reliance Building, Chicago

主要设计者：伯纳姆和鲁特（Burnham & Root）建筑师事务所、查尔斯·阿特伍德（Charles Atwood）

建造时间：1891~1895 年

丹尼尔·伯纳姆
1846~1912 年

约翰·鲁特
1850~1891 年

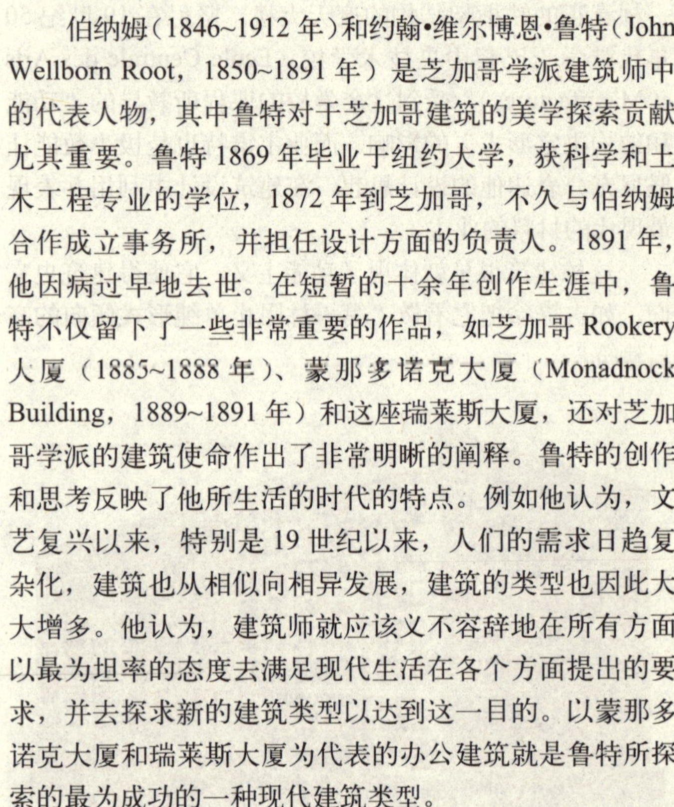

伯纳姆（1846~1912 年）和约翰·维尔博恩·鲁特（John Wellborn Root，1850~1891 年）是芝加哥学派建筑师中的代表人物，其中鲁特对于芝加哥建筑的美学探索贡献尤其重要。鲁特 1869 年毕业于纽约大学，获科学和土木工程专业的学位，1872 年到芝加哥，不久与伯纳姆合作成立事务所，并担任设计方面的负责人。1891 年，他因病过早地去世。在短暂的十余年创作生涯中，鲁特不仅留下了一些非常重要的作品，如芝加哥 Rookery 大厦（1885~1888 年）、蒙那多诺克大厦（Monadnock Building，1889~1891 年）和这座瑞莱斯大厦，还对芝加哥学派的建筑使命作出了非常明晰的阐释。鲁特的创作和思考反映了他所生活的时代的特点。例如他认为，文艺复兴以来，特别是 19 世纪以来，人们的需求日趋复杂化，建筑也从相似向相异发展，建筑的类型也因此大大增多。他认为，建筑师就应该义不容辞地在所有方面以最为坦率的态度去满足现代生活在各个方面提出的要求，并去探求新的建筑类型以达到这一目的。以蒙那多诺克大厦和瑞莱斯大厦为代表的办公建筑就是鲁特所探索的最为成功的一种现代建筑类型。

鲁特去世后，他所在的事务所由伯纳姆继续经营，改名为伯纳姆建筑公司（D.H.Burnham and Company）。设计师阿特伍德在 1895 年接手瑞莱斯大厦工程，当时大厦的基础和底层已经开工了 4 年。阿特伍德秉承了芝加哥学派的宗旨，现在我们所看到瑞莱斯大厦的立面就是由他完成的，它是现代建筑的先声之作。阿特伍德尽一切可能利用玻璃，并用突出于结构框架的凸窗来遮挡柱子，窗户的设计也是芝加哥学派的三分式。在采用陶砖为外饰材料的立面上，阿特伍德特别强调水平方向的窗下墙，这一点与当时高层建筑流行沿垂直方向表现壁柱的方法截然不同。在建筑的转角，结构柱不能再藏在玻璃之后，他便将壁柱设计成束状的小柱，以削弱柱子的体积感，这种方法在哥特式建筑中常可看到。

图1 外观

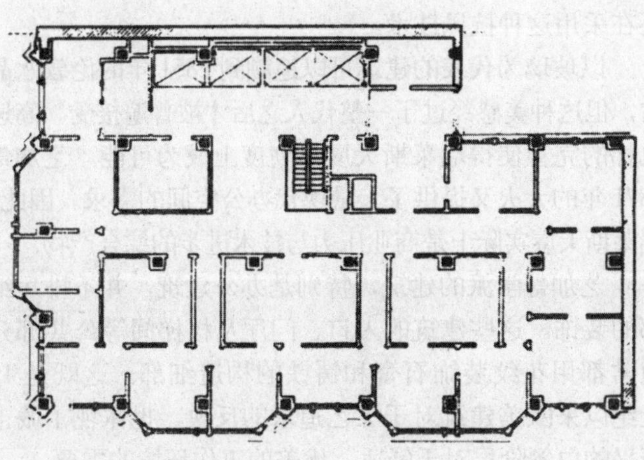

图2 标准层平面

图3 外观

瑞莱斯大厦的外观极为轻盈，它的框架结构是在工厂中预制的，减少了现场施工，上部10层的钢结构15天便完成了。其结构工程师爱德华• C. 珊克兰德（Edward C. Shankland）还发明了一种新的抗风技术，即将那些高耸硬直的柱子与大梁作刚性连接，这一方法与先前的那种质量较大的门形架大不相同，今天的许多高层建筑还在采用这种抗风技术。

以玻璃为代表的建筑可以追溯到1851年的伦敦水晶宫，但这种美感经过了一整代人之后才被普遍接受。高速电梯的完善使得瑞莱斯大厦在高度上成为可能，芝加哥1871年的大火又提供了大量现代办公空间的需求。因此，瑞莱斯大厦实际上是商业压力与技术进步的综合产物。

芝加哥学派的建筑，特别是办公建筑，并不排斥细部的装饰。这些建筑的入口、门厅及楼梯间等公共部分通常都用花纹装饰石膏和铸铁的构造细部。这既是19世纪以来欧美建筑对于工艺追求的反映，也体现了城市新兴的白领阶层对于舒适、优美的工作环境的需要。

哥伦比亚世界博览会美术宫，芝加哥

Palace of Fine Arts, World's Columbian Exposition, Chicago

设计者：伯纳姆建筑公司（Daniel H. Burnham and Company）

建造时间：1893 年

矗立在芝加哥杰克逊公园的科学和工业博物馆（Museum of Science and Industry）是当年哥伦比亚世界博览会的美术宫，也是博览会后惟一保存下来的建筑物。

1893 年，为纪念哥伦布发现美洲大陆 400 周年，美国举办了隆重的世界博览会，地点选在芝加哥。这次博览会是美国建筑史上的一次重要事件，它标志着学院派古典主义的创作思潮开始占据了美国建筑设计的主导地位。

博览会的总体规划师是伯纳姆，他曾经是芝加哥学派的代表人物之一，与鲁特合作设计过蒙那多诺克大厦、瑞莱斯大厦等充满现代气息的作品。但此时他的设计思想已经发生了转变。在他所邀请的参加博览会建筑设计的建筑师中，包括美国第一位在巴黎美术学院毕业的建筑师、美国建筑师学会的发起人之一和第三任会长汉

图 1　入口细部

图2 外观

特、汉特的学生乔治•布朗•波斯特（George Browne Post，1837~1913年），以及另一个以古典设计著名的麦金、米德和怀特建筑师事务所，这几家事务所承接了博览会的核心部分——荣誉广场（Court of Honor）的建筑设计。芝加哥当地的五家建筑事务所，包括沙利文的事务所也在被邀请之列，但他们的作品比较分散，所以不很显著。

伯纳姆规划的荣誉广场以一个人工湖为中心，博览会的主要建筑物沿东西和南北两条轴线布置在湖的周围。这些建筑物都采用洁白的色彩、古典主义风格和一致的檐口高度，具有强烈的学院派的特点。汉特设计了轴线东端带有一个高大穹隆顶的管理大楼。伯纳姆建筑公司设计了轴线北端的美术宫。这个设计模仿了巴黎美术学院的最高奖项"罗马大奖"1867年的获奖方案，古典山花、穹隆顶、爱奥尼列柱和女像柱廊是这个尺度巨大的建筑物的基本构图要素。

芝加哥博览会建筑群统一的风格与和谐的色彩在当时受到了广泛的好评。由于所在地靠近密歇根湖，所以又为博览会大面积地采用人工湖和喷泉提供了条件。此外，博览会的规划还充分考虑了城市的交通以及会场的供电、电话、铁路与人行交通、照明等需要，在这个基础上诞生了美国现代的城市规划，并兴起了"城市美化运动"（City Beautiful Movement）。伯纳姆在这个过程中继续扮演了重要角色，他参与了芝加哥湖边区大公园和芝加哥的总体规划，还为其他许多城市，如巴尔的摩、旧金山和马尼拉等作了规划设计。这些规划与新古典主义风格的盛行反映了当时社会对于城市整体环境的新认识，即试图用古典的秩序整合因工业革命、城市人口激增以及自由竞争所导致的城市的无序，并为城市的发展提供更加现代化的基础条件。1909 年，伯纳姆的著作《芝加哥规划》（Plan of Chicago）出版，它也是世界近现代城市规划史上的一部重要著作。

博览会后，学院派古典主义的设计在美国建筑中广泛盛行，成为 20 世纪 30 年代之前美国的主要建筑思潮。这一时期美国城市开始追求文化表现，因此带动了公共建筑甚至商业建筑风格的转变，而巴黎美术学院的影响也通过越来越多的留学生回国而被带到美国。与此相反，原来芝加哥学派以现代功能和现代结构为指导思想的设计原则遭到了摒弃，沙利文本人的业务也逐渐萧条。但他设计的博览会火车站在当时仍然受到了欧洲建筑界的肯定，他们认为整个博览会的大部分作品都是从欧洲派生的，只有沙利文的作品是成功的和原创的，它具有欧洲建筑所没有的独特的品质。

1929~1940 年，美术宫得到重建，当初所采用的一些临时材料被大理石替代，外观也略有改变。

图 3　外观局部

卡森·皮里·斯各特公司，芝加哥

Carson Pirie Scott & Co., Chicago

设计者：路易·埃尔尼·沙利文

建造时间：1899~1903 年

卡森•皮里•斯各特公司是最早采用防火钢框架结构的百货商店之一（它在 1899 年初建，后来又经过三次扩建，最大的一次扩建在 1903 年），它为美国乃至欧洲的建筑师们提供了一个这种现代类型建筑的样板。它也是沙利文的建筑格言“形式服从功能”的一个具体体现。

在摩天楼设计中，沙利文通常将窗下墙后撤，以加强纵向的挺拔效果，卡森•皮里•斯各特商场的转角处是一处入口塔楼，两侧各有 12 层的楼体。在这个塔楼设计上，沙利文就重复了摩天楼的效果，而在楼体上，他将窗上墙连通，把芝加哥学派的横长形三段式窗户连成水平方向的整体。他对水平效果的强调首先是由现代商业建筑对于采光和大空间的要求决定的。钢框架结构使得内部支撑最少，为商品陈列提供了最多的自然光线，并为人们在陈列柜和楼层间漫步提供了更多的开敞空间。这种梁柱式的结构方式在建筑的外部呈现为贴着白色瓷砖的格网，不仅构成了窗户的外框，还显示出建筑的楼层。结构的明晰性在陈列窗上表现得最为清楚，因为它的宽度就是垂直柱的间距。

商店下层的陈列窗有着极为繁冗的装饰，目的在于吸引顾客，同时也反映出沙利文对于美的表现意图，即让带有他个人风格的装饰更贴近人们。他把装饰当做美

图 1　一层平面

图 2　标准层平面

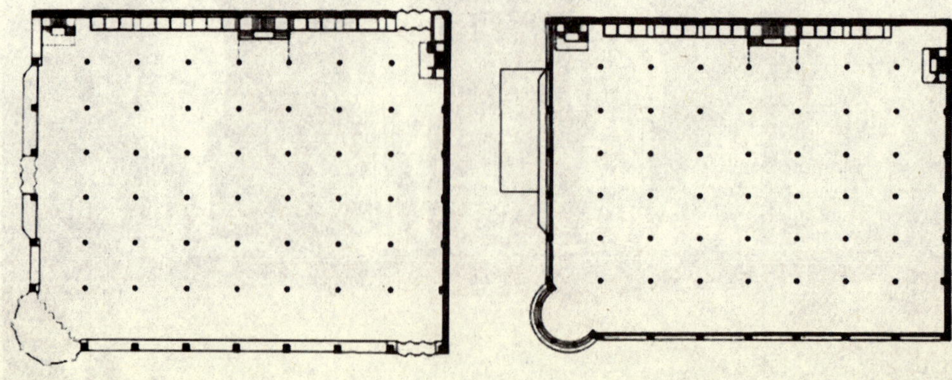

图3 外观

化建筑的最后加工，用他自己的话说就是：“如诗般外观的一件外衣。”他写过大量文章，把建筑当做对自然的表现，以补偿工业化的现代城市过于注重物质的文化。他的装饰构图明显受到欧洲中世纪罗曼式风格的影响，装饰极其繁冗，但又极富天才。它们大多是几何形与植物图案的交织，也是他的名字字母的缩写（LHS）。这些装饰是用铸铁铸成，并在深红的底色上涂绿，以模仿氧化了的铜和植物叶簇在阳光照射下的闪烁效果。

1893年芝加哥世界博览会之后，学院派古典主义的建筑设计在美国盛行起来。沙利文的设计受到了冷落，昔日芝加哥学派的许多同道也都纷纷转入学院派的阵营。但在卡森•皮里•斯各特公司的设计中，沙利文仍勇敢地坚持了自己一贯追求的理念，并把它推向新的完美境地。这栋建筑被建筑史家们一致认为是他最好、也最具有现代意味的作品。

1924年4月，沙利文在孤寂中死去。但在他的影响下，以赖特为代表的美国新一代现代建筑师逐渐成熟起来。他们继续为摆脱因袭欧洲的思想羁绊，创造体现时代精神和个人风格的建筑而不懈地奋斗着，在新的世纪开始的时候，代表着一种崭新的美国本土建筑风格的"草原学派"（Prairie School）诞生了。

在新的时代里，沙利文的创造重新获得了肯定和赞扬。1944年，美国建筑师学会追授他该组织的最高荣誉——AIA金奖。

图4　立面细部

七、读史与评史

13 社会科学、人文科学、技术科学的结合——中国建筑史研究方法初识，兼议中国营造学社研究方法“科学性”之所在

14 关于柯布西耶住宅作品的建筑解读

13

社会科学、人文科学、技术科学的结合

——中国建筑史研究方法初识，兼议中国营造学社研究方法“科学性”之所在

建筑史研究自20世纪初期在中国成为一门独立的学科以来，至今已经过了近百年的历程。其间人才辈出，成果丰硕。然而，尽管众多学者都力求在研究中能够推陈出新，但自觉而系统的方法论回顾和总结仍属鲜见。本文试图在这方面进行一番初步的综述，以期抛砖引玉。此外，在今人对中国最早的古建筑研究机构——中国营造学社——建筑史研究方法的评价中，“科学性”已经成为一个常用词汇，但其含义为何似仍缺少界定。本文也希望在对中国建筑史方法论进行初识的同时，对该社工作的“科学性”所在做更为具体的分析。

建筑史方法论涉及多种不同层次的认知和研究方法，小到制图手段的运用，大到建筑本体内涵的观照。本文关注的重点是一个影响普遍的中观性问题，即建筑史研究的视角。人们常用“步移景异”来形容对中国园林的体验，在我看来，用它形容学术研究也颇为合适。这就是事物的意义不仅仅取决于事物本身，而且还取决于观察者的视角。单一视角所获得的认知往往是不完整的，研究者只有经常自觉地寻求新的视角，或不同的研究者都能从不同的视角贡献各自的观察结果，我们对事物的认识才能不断趋近完整。建筑的研究尤其如此。

建筑学的综合性决定了建筑的历史研究可能也必须采用多种视角。例如，建筑是人类的空间依托并服务于人，所以理解建筑首先要理解人，包括人的社会组织、生活和活动、习俗和观念；建筑又是通过技术手段实现的，所以理解建筑还要理解建造的方式，如结构、构造，以及设计方法，如此种种。所以，人们说建筑是社会科学、

本文为“纪念刘敦桢先生诞辰110周年纪念会暨中国建筑史学史专题研讨会”论文，南京，东南大学，2007年10月20、21日。

人文科学以及技术科学的结合。与此相应，研究建筑自然也需要从多角度着眼。

针对建筑史研究，这里所言的社会科学主要包括历史学、考古学、社会学和人类学。人文科学中虽然哲学也与建筑有所关联，但这里主要指美术和美术史；而技术科学主要是指结构构造与施工技术。建筑和建筑史研究在中国传统学术体系中最初是历史学的一个分支，以朱启钤为领导，梁思成、刘敦桢和林徽因为学术代表的中国营造学社第一代学者在20世纪30年代将建筑的历史研究与考古学、美术学和结构构造学相结合，从而使其成为一门颇具综合性的独立学科。

考古学方法的引入极大地改变了传统建筑史研究，是建筑史研究在社会科学方面的一大进步。在中国传统学术中，建筑和建筑史研究限于名物的辨析、形制的考证、宫室的见闻以及城坊的定位，基本方法是文字性的忆述和对文字的阐释，所以仅仅是历史学的一个分支。这种传统方法在20世纪初乃至营造学社的创办初期依然如故。考古学以实物为历史研究的重要对象，不仅扩大了历史材料的来源，也为历史研究提供了历史实物的证据。它使得对实物的调查、测绘记录和分析超越了文献而成为获取建筑历史信息的主要手段。实物也成为解读文献的最佳历史依据。

在历史领域，实物与文献相互参证的方法是中国近代史学的革命性人物王国维所提倡的"二重证法"之一。梁思成、刘敦桢和林徽因是这一方法在建筑历史领域的实践者。他们将对清代《工程做法则例》、宋代《营造法式》的注释与实物例证的调查相结合，在文献和实物的研究两个方面都取得了前无古人的成就。[1]

与社会科学的考古学实地调查方法伴随而至的是作为人文科学之一的美术史学的类型学分析方法。这一方法强调在实物间的比较中发现造型和风格的差异，进而发现造型风格演变的线索，为实物鉴定和年代判别提供依据。梁思成和刘敦桢的中国建筑史研究成功地运用了这一方法。他们首先以建筑部件的造型和比例作为类型排比的标尺，进而在此基础上进行建筑风格的分类和时代的鉴别，从而建立了中国建筑的风格演变谱系。

梁思成、刘敦桢和林徽因的研究还具有文化人类学的意义，即他们不仅关注考古意义上的历史遗存，还关心现实尚存的人类建筑文化与活动。这方面的具体工作

1 梁思成、刘敦桢、林徽因的研究成果已汇编于《梁思成全集》（北京：中国建筑工业出版社，2001年）、《刘敦桢全集》（北京：中国建筑工业出版社，2007年）以及《林徽因文集（建筑卷）》（天津：百花文艺出版社，1999年）。

表现在他们对清代流传下来的工匠匠作的记录和整理。刘敦桢的调查和研究还涉及中国古代桥梁，并影响到营造学社的成员王璧文（字璞子）。[2] 此外，刘敦桢、林徽因还与营造学社的另一名重要成员刘致平进行了传统民居的调查和研究。他们的工作可以被更广义地视为对有形的和无形的中国建筑文化基因的保护。刘致平也曾尝试以县为单位的建筑志写作，编写了《广汉县志•建筑篇》。该书稿虽因战乱而遗失，但作者的研究方法不容忽视。

技术科学是营造学社中国建筑史方法论的另一重要组成部分，表现在梁思成、刘敦桢等第一代中国建筑史家以古代建筑实物的单体构架为最主要的研究对象。结构构造的方式和性能不仅是他们进行年代鉴定的一个重要类型学依据，也是他们中国建筑史论说的一个基本美学标准。

20 世纪 50 年代以后，中国建筑史研究在社会科学、人文科学和技术科学三个方面又有新的发展。首先，梁思成和助手莫宗江继续运用实物与文献相互参证的方法研究《营造法式》。张镛森也在刘敦桢的支持下用这一方法整理出版了苏州工匠姚承祖所著的《营造法源》。此外，梁思成的学生徐伯安和郭黛姮在梁思成所著《〈营造法式〉注释》的补充研究中，[3] 以及潘谷西、张十庆、何建中[4]、李路珂[5] 等在对《营造法式》的独立研究中也继承了这一方法。杰出的考古学家宿白在对白沙宋墓的发掘研究中扩展了这一历史研究方法。他不仅研究了墓室结构所反映的宋代建筑情况，还对照文献研究了壁画所表现的器物。宿白还将类型学方法用于西藏建筑和石窟寺的断代研究。[6] 而在 2002 年，他的学生徐怡涛提出以椽长判别不同辽代建筑的建造年代则是这一方法的新样例。[7]

还有大批学者延续营造学社的方法进行古建筑调查，发现、记录了大量史料，为中国古代建筑史研究做出了宝贵的基础工作，并为古建筑的保护和维修做出了巨大贡献，如单士元、杜仙洲、莫宗江、孙宗文、卢绳、冯建逵、祁英涛、罗哲文、张驭寰、刘叙杰、赵立瀛、曹汛、柴泽俊、路秉杰、邓其生、杨慎初、方拥、朱永春、刘临安和柳肃等。[8] 一些学者把调查的范围从建筑结构扩展到家具和装饰，如王世襄[9]、杨耀[10]、杨乃济[11] 和钟晓青[12]。最近，三维激光扫描技术在建筑测绘方面的应用是建筑调查方法的一个进步。

2 王璧文，《清官式石桥做法》，《中国营造学社汇刊》，5（4），1935 年；《清官式石闸及石涵洞做法》，《中国营造学社汇刊》，6（2），1936 年。

3 徐伯安，《〈营造法式〉斗拱形制解疑探微》，《科技史文集》，第 5 辑，1980 年；徐伯安、郭黛姮，《〈营造法式〉的雕镌制度与中国古代建筑装饰的雕刻》，《科技史文集》，第 7 辑，1981 年；徐伯安、郭黛姮，《雕壁之美，奇丽千秋》，《建筑史论文集》，第 2 辑，1979 年；徐伯安、郭黛姮，《宋〈营造法式〉术语汇释——壕寨、石作、大木作制度部分》，《建筑史论文集》，第 6 辑，1984 年；郭黛姮、徐伯安，《〈营造法式〉大木作制度小议》，《建筑史论文集》，第 11 辑，1984 年。

4 详见本书 182 页。

5 李路珂，《〈营造法式〉彩画研究》，清华大学博士学位论文，2007 年。

6 宿白，《藏传佛教寺院考古》，北京：文物出版社，1996 年；《中国石窟寺研究》，北京：文物出版社，1996 年。

7 徐怡涛，《河北涞源阁院寺文殊殿建筑年代鉴别研究》，《建筑史论文集》，第 16 辑，2002 年。

8 有关调查报告的详细目录可参见陈春生、张文辉、徐荣编，《中国古建筑文献指南（1900-1990）》，北京：科学出版社，2000 年。

9 王世襄，《锦灰堆》（全三卷），北京：三联书店，2001 年；《明式家具珍赏》，北京：文物出版社，2006 年；《明式家具萃珍》，上海：上海人民出版社，2006 年。

10 杨耀，《明式家具研究》，北京：中国建筑工业出版社，1986 年。

11 杨乃济参与写作了刘敦桢主编的《中国古代建筑史》，负责撰写各个历史时期家具、装饰的段落和图版。

12 钟晓青，《魏晋南北朝建筑装饰研究》，《文物》，1999 年第 12 期。

除将实物与文献互相参证之外，考古学角度的中国建筑史研究在20世纪50年代后还取得了新的发展。这就是在地上文物调查的基础上增加了对地下遗址的发掘和复原研究，其中最为突出的有王世仁对汉长安南郊礼制建筑及唐长安明堂的考古复原，[13]杨鸿勋[14]和傅熹年[15]等对于史前和先秦以至唐宋元各代大量建筑的考古复原和研究，以及萧默根据敦煌石窟和壁画所提供的视觉材料对唐代建筑的研究。[16]在城市史方面，侯仁之结合地理学、历史学和考古学对北京城的历史变迁进行了长期深入细致的研究。[17]王璞子、姜舜源也采用近似方法研究了元大都的城坊。[18]近年来，陈薇及其同事以及王才强分别将计算机模拟技术应用于城市和古建筑群的复原，陈薇本人还试图运用考古材料回答建筑历史中的一些根本问题，如为何木结构能够成为中国建筑的主导结构方式。[19]

19世纪末，英国建筑史家巴尼斯特•弗莱彻在其所著《比较法建筑史》一书中曾引入有关地理、地质、气候、宗教、社会政治和历史因素对建筑的影响的讨论。相关的讨论也见于日本学者伊东忠太的《中国建筑史》一书中。[20]这些讨论开启了中国建筑社会史的研究，将建筑史关注的问题从"有什么"和"是什么"的问题引向"为何是"。1944年，梁思成在其《中国建筑史》书稿中对环境思想、道德观念、礼仪风俗等因素与中国建筑的关系所进行的分析，当受到了包括上述书籍在内的国外研究的启发。20世纪50年代以后，在马克思主义史学的影响下，刘敦桢主编的《中国古代建筑史》一书也加入了有关各时代社会政治和文化背景的介绍。[21] 20世纪80年代，王世仁关注到中国古代建筑的工程管理问题，[22]使建筑史研究对于社会学问题的关注从宏观的背景深入到较为具体的建筑生产过程。王世仁还在20世纪90年代主持了以北京宣武区为单位的系统历史建筑调查。[23]社会学研究方法在20世纪90年代以陈志华为代表的中国乡土建筑研究中得到了更为明确和充分的体现。其特点是以一个个村落为单位，借助家谱、碑刻和题记等文字材料及访谈所获得的口碑材料，研究村落的社会历史，在其影响之下的村落形态和建筑形态特点，以及不同类型的建筑在村落社会活动中的功能和意义。[24]社会学的视角还体现在近年刘畅对清代宫廷样式房与算房设计体系的运作的研究，[25]乔迅翔对宋代官方建筑设计的考

13 王世仁，《汉长安城南郊礼制建筑（大土门遗址）原状推测》，《考古》，1963（3）；《王世仁建筑历史理论文集》，北京：中国建筑工业出版社，1980年。

14 杨鸿勋，《建筑考古学论文集》，北京：文物出版社，1987年；《宫殿考古通论》，北京：紫禁城出版社，2001年。

15 傅熹年，《傅熹年建筑史论文集》，北京：文物出版社，1998年。

16 萧默，《敦煌建筑研究》。

17 侯仁之主编，《北京历史地图集》，北京：北京出版社，1988年。

18 王璞子，《元大都考》，北京：紫禁城出版社，待出版；姜舜源，《故宫断虹桥为元代周桥考——兼论元大都中轴线》，故宫博物院编《禁城营缮记》，北京紫禁城出版社，1992年。

19 陈薇，《木结构作为先进技术和社会意识的选择》，《建筑师》，第106期，2003年。

20 该书日本版原名为《支那建筑史》，1925年出版；1937年陈清泉译为中文并作增补，改名《中国建筑史》，由商务印书馆出版。有关该书比较详细的评介见徐苏斌《日本对中国城市与建筑的研究》（北京：中国水利水电出版社，1999年，54~57页）。

21 刘敦桢主编，《中国古代建筑史》，北京：中国建筑工业出版社，1980年。

22 王世仁，"中国古代建筑工程管理"，《中国大百科全书（建筑、园林、城市规划）》，北京：中国大百科全书出版社，1988年。

23 王世仁编，《宣南鸿雪图志》，北京：中国建筑工业出版社，1997年。

24 陈志华、李秋香、楼庆西合著，《楠溪江中游乡土建筑》，台北：英文汉声，1993年；《新叶村乡土建筑》，（台）建筑师公会，1993年；《诸葛村乡土建筑》，石家庄：河北教育出版社，1996年；《婺源乡土建筑》，台北：英文汉声，1998年；陈志华（文），楼庆西（摄影）《张壁村》，石家庄：河北教育出版社，2002年；李秋香、陈志华《流坑村》，石家庄：河北教育出版社，2003年；陈志华（文），楼庆西、贾大戎、李秋香（摄影）《福宝场》，北京：三联书店，2003年；陈志华、李秋香《古镇碛口》，北京：中国建筑工业出版社，2004年；陈志华、李秋香《梅县三村》，北京：清华大学出版社，2007年。

25 刘畅，《从清代晚期算房高家档案看皇家建筑工程销算流程》，《建筑史论文集》，第14辑，2001年；《从现存文图档案看晚清算房和样式房的关系》，《建筑史论文集》，第15辑，2002年。

26 乔迅翔，《宋代官方建筑设计考述》，《建筑师》，第125期，2007年。

27 王贵祥，《关于建筑史学研究的几点思考》，《建筑师》，第69期，1996年；《方兴未艾的建筑史学研究》，《世界

述，[26]王贵祥[27]、陈薇[28]等对于城市史的研究，以及贺从容对唐长安平康坊这一特定街坊的城市土地分配方式的研究。[29]

具有人类学意义的匠作、民居或乡土建筑和少数民族建筑调查自20世纪50年代以后也得到很大发展。前者体现在王璞子对清工程做法的继续研究，[30]王世襄对明清家具、匠作则例的搜集整理和细致研究，[31]以及李乾朗对台湾工匠流派发展长期不懈的追本溯源；后者有刘致平、王翠兰、汪国瑜、王其明、孙大章、陆元鼎、单德启、阮仪三、路秉杰、于振生、蒋高宸、黄汉民、朱光亚、朱良文、王其钧、陈伯超、张十庆、潘安、阮昕、陆翔、龚凯、曹春平以及美国学者那仲良（Ronald Knapp）等大批学者对于中国民居建筑实物及习俗的广泛调查和研究。[32]楼庆西[33]、郭黛姮[34]、陈薇[35]等学者还将研究扩展至与文化习俗密切相关的建筑装饰。最近美术史学者郭伟其有关《诗经》图在传统屏风雕刻中的影响的论文，显示美术史的图像学方法在建筑装饰研究中还大有可为。[36]此外马炳坚[37]、刘大可[38]、李全庆[39]等学者在长期从事古建筑维修的基础上对清代木结构技术、瓦石琉璃施工技术的系统整理，同时也是对于一种文化遗产的保存，具有超乎技术科学研究的文化意义。近年常青也在积极推动建筑人类学研究的开展。

除文化基因的调查记录之外，人类学所关心的礼仪与空间设计的关系也是建筑史研究中与"为何是"问题相关的重要课题。刘敦桢主编的《中国古代建筑史》一书已经注意到中国佛教从以塔为中心到以佛像为中心的瞻拜方式的转变对寺庙形制的影响。汉宝德探讨了明初以降宗教社会性的转变对寺庙开放性的影响。[40]刘叙杰通过仪礼分析了先秦时期建筑中存在的东西阶现象。[41]郭湖生将仪礼研究的思路用于探讨宋东京城与北京城千步廊形成的历史。[42]近年礼仪与空间研究新成果有朱剑飞对北京紫禁城的研究[43]和诸葛净对明代北京城礼制建筑的研究等。

人类学研究还有一个方向是文化的交流与互动。潘谷西、傅熹年、张十庆、王贵祥等学者通过将南方建筑实物与《营造法式》进行对比，发现了前后者间的影响关系，傅熹年、张十庆和路秉杰还论证了中国福建建筑与日本"大佛样"建筑的渊源关系。[44]杨鸿勋对比中国古籍中有关黄帝明堂的描述与日本考古发现的神社遗址，

建筑》，1997年2期；《"五亩之宅"与"十家之坊"及古代园宅、里坊制度探析》，《建筑史》，第21辑，2005年。

28 陈薇，《天朝的南端——嘉靖三十二年（1553）前后北京外城商业活动与城市格局》，《建筑师》，第127期，2007年。

29 贺从容，《唐长安平康坊内割宅之推测》，《建筑师》，第126期，2007年。

30 王璞子，《工程做法注释》，北京：中国建筑工业出版社，1995年。

31 王世襄主编，《清代匠作则例》（一、二），郑州：大象出版社，2000、2004年。

32 目前民居和乡土建筑的研究成果浩繁，限于手中资料，这里暂不能一一列举。

33 楼庆西，《中国传统建筑装饰》，北京：中国建筑工业出版社，1998年；《中国建筑艺术全集：建筑装修与装饰》，北京：中国建筑工业出版社，1999年；《中国小品建筑十讲》，北京：三联书店，2004年；《中国古代建筑砖石艺术》，北京：中国建筑工业出版社，2005年。

34 郭黛姮，《中国传统建筑装修的审美趣味》，《中华古建筑》，创刊号，1990年；《紫禁城宫殿建筑装修的特点及其审美特性》，故宫博物院编《禁城营缮记》，北京：紫禁城出版社，1992年。

35 陈薇，《江南包袱彩画考》，《建筑理论与创作》，南京：东南大学出版社，1988年。

36 郭伟其，《〈诗经〉图的形态：以广东省博物馆藏〈诗经〉寿屏为例》，范景中、曹意强主编，《美术史与观念史》（三），南京：南京师范大学出版社，2005年。

37 马炳坚，《中国古建筑木作营造技术》，北京：科学出版社，1991年。

38 刘大可，《中国古建筑瓦石营法》，北京：中国建筑工业出版社，1999年。

39 李全庆等，《中国古建筑琉璃技术》，北京：中国建筑工业出版社，1987年。

40 汉宝德，《明清建筑二论》，台北：明文书局，1972年。

41 刘叙杰，《浅论我国古代的"尊西"思想及其在建筑中的反映》，《建筑学报》，1994（1）。

42 郭湖生，《中华古都》，台北：空间出版社，1997年。

43 朱剑飞，《天朝沙场——清故宫及北京的政治空间构成纲要》，《建筑师》，第74期，1997年；Zhu, Jianfei, *Chinese Spatial Strategies: Imperial Beijing, 1420-1911*, Routledge, 2004.

44 潘谷西，《〈营造法式〉初探（一～三）》，《南京工学院学报》，1980（4）、1981（2）、1985（1）；《关于〈营造法式〉的性质、特点、研究方法——〈营造法式〉初探之四》，《东南大学学报》，1990（5）；《营造法式解读》（与何建中合著），南京：东南大学出版社，2005年。

进而从语音学角度论证前者是后者的祖型。[45]武蔚还试图比较嵩岳寺塔与印度一些中世建筑以期论证该塔的建造时代。[46]李华东对韩国高丽时代木构建筑和《营造法式》进行了比较。[47]蔡明和张健根据史料分析比较了中日殿堂建筑设计中的木割基准寸法。[48]曹汛追溯了百济定林寺塔、日本法隆寺塔与中国南朝寺塔样式的关系。[49]他们的研究体现了"二重证法"的另一重要方面，即境内材料与境外材料的相互参证。这种方法刘敦桢生前已经开始重视，在20世纪80年代郭湖生又明确提出"东方建筑研究"的主张，并指导了张十庆[50]、常青[51]和杨昌鸣[52]对中日建筑、西域文明与华夏建筑及东南亚与中国西南少数民族建筑的比较研究。张良皋是另一位视野宽阔的学者，他通过对建筑的研究勾画出中国史前至先秦时期地域之间文化传播及交流互动的宏观图景。[53]

20世纪50年代中国建筑史最大的发展是美术史角度的研究。这一研究将重点从营造学社时期的年代鉴定问题转向设计方法问题。陈明达的《应县木塔》和其后的《〈营造法式〉大木作制度研究》是这方面的代表性著作，它也是中国建筑史研究在20世纪50年代以后最具深远影响的研究成果。[54]如果说此前其他学者的研究偏重于"有什么"、"是什么"、"为何是"等问题，那么，陈明达最先开始关注"如何是"的问题，即中国古代建筑的设计原理，并在中国宋辽建筑"以材为祖"的设计方法问题上取得突破。今天以《营造法式》为代表的中国木构建筑营造法及其所包含的模数制设计问题已经成为建筑史研究的一个核心内容。在陈明达的基础上，傅熹年[55]、潘谷西、何建中[56]、张十庆[57]、肖旻[58]、徐怡涛[59]、刘畅[60]等学者在20世纪80年代以后对这个问题的探讨不断有新的修正、拓展和深化。傅熹年还将模数概念扩

45 杨鸿勋，《明堂泛论——明堂的考古学研究》，《宫殿考古通论》，北京：紫禁城出版社，2001年。

46 武蔚，《嵩岳寺塔的困惑》，《建筑史论文集》，第11辑，1999年。

47 李华东，《韩国高丽时代木构建筑和〈营造法式〉的比较》，《建筑史论文集》，第12辑，2000年。

48 蔡明、张健，《根据史料分析比较中日殿堂建筑设计中的木割基准寸法》，《建筑史》，第3辑，2003年。

49 曹汛，《中国南朝寺塔样式之通过百济传入日本——百济定林寺塔与日本法隆寺塔》，《建筑师》，第119期，2006年。

50 张十庆，《中日古代建筑大木技术的源流与变迁》，天津：天津大学出版社，1992年。

51 常青，《西域文明与华夏建筑的变迁》，长沙：湖南教育出版社，1992年。

52 杨昌鸣，《东南亚与中国西南少数民族建筑文化初探》，天津：天津大学出版社，1992年。

53 张良皋，《武陵土家》，北京：三联书店，2001年；《匠学七说》，北京：中国建筑工业出版社，2002年；《巴史别观》，北京：中国建筑工业出版社，2006年。

54 陈明达，《应县木塔》，北京：文物出版社，1966年；《营造法式大木作制度研究》，北京：文物出版社，1981年；《中国古代木结构建筑技术（战国—北宋）》，北京：文物出版社，1990年；《陈明达古建筑与雕塑史论》，北京：文物出版社，1998年；"读《〈营造法式〉注释》（卷上）札记"，《建筑史论文集》，第12辑，2000年；《独乐寺观音阁、山门的大木作制度》（上、下），《建筑史论文集》，第15、16辑，2002年。

55 傅熹年，《傅熹年建筑史论文集》，北京：文物出版社，1998年；《中国古代城市规划建筑群布局及建筑设计方法研究》，北京：中国建筑工业出版社，2001年；《试论唐至明代官式建筑发展的脉络以及与地方传统的关系》，《文物》，1999年第10期。

56 何建中，《营造法式材份制新探》，《建筑师》，第43期，1991年；《浅析〈中国古代城市规划建筑群布局及建筑设计方法研究〉中的单层建筑设计方法》，《建筑史》，第21辑，2005年。

57 张十庆，《〈营造法式〉变造用材制度探析》，《建筑历史与理论研究文集》；《古代建筑的设计技术及其比较——试论从〈营造法式〉至〈工程做法〉建筑设计技术的演变和发展》，《华中建筑》，1999（4）；《中日佛教转轮藏的源流与形制》，《建筑史论文集》，第11辑，1999年；《五山十刹图与南宋江南禅寺》，南京：东南大学出版社，2000年；《〈营造法式〉研究札记——论"以中为法"的模数构成》，《建筑史论文集》，第13辑，2000年；《中国江南禅宗寺院建筑》，武汉：湖北教育出版社，2002年；《古代营建技术中的"样"、"造"、"作"》，《建筑史论文集》，第15辑，2002年；《南方上昂与挑斡作法探析》，《建筑史论文集》，第16辑，2002年；《〈营造法式〉的技术源流及其与江南建筑的关联探析》，《建筑史论文集》，第17辑，2003年；《是比例关系还是模数关系——关于法隆寺建筑尺度规律的再探讨》，《建筑师》，第117期，2005年；《部分与整体——中国古代建筑模数制发展的两大阶段》，《建筑史》，第21辑，2005年。

58 肖旻，《唐宋古建筑尺度规律研究》，南京：东南大学出版社，2006年。

59 徐怡涛，《唐代木构建筑材份制度初探》，《建筑史》，2003（1）。

60 刘畅，《算房旧藏清代营造则例考查》，《建筑史论文集》，第16辑，2002年；张学芹、刘畅，《康熙三十四年建太和殿大木结构研究》；张荣、刘畅、臧春雨，《佛

展到对建筑群和城市规划的研究。王贵祥在中国建筑的设计原理方面也有重要发现，这就是唐宋时期木构建筑中檐高与柱高之间所存在的$\sqrt{2}$倍的比例关系。[61] 德国学者雷德侯（Lothar Ledderose）更视中国建筑模数化生产为中国美术史中一个具有普遍意义的问题。[62] 由于中国8世纪以前的地上木构已经不存，笔者也曾试图分析汉代木棺椁的设计，以期发现中国建筑规范化设计并以构件尺寸大小为等级标志的早期线索。[63]

从美术史角度研究建筑设计方法有多个方面和多个层次。如果说陈明达等学者对中国建筑设计方法的解释偏重于单体建筑和群体建筑设计和规划操作上的技术因素，刘敦桢主编的《中国古代建筑史》和刘致平所著《中国建筑类型与结构》开始关注中国建筑因类型不同而导致的结构和造型差异。[64] 这种关注在潘谷西主编的《中国建筑史》教材中成为论说框架。不仅注重中国建筑在结构上的时代变迁，还强调各种类型的建筑自身的历史发展脉络是该书的主要特色。[65] 龙庆忠的研究表现出一种对建筑设计中礼制因素的关注。[66] 贺业钜更是将《考工记》所描述的周代“营国制度”视为中国古代城市规划的主导思想。[67] 礼制研究的主要学者还有李允鉌、孙宗文、傅熹年、潘谷西、杨慎初、于倬云、萧默和于振生等。李允鉌讨论了中国建筑群体的“门庭之制”；[68] 孙宗文关注不同的宗教和礼制思想在中国建筑上的反映；[69] 傅熹年对中国历代建筑的等级制度进行了概括；[70] 潘谷西、杨慎初、于倬云对建筑群进行整体研究，潘谷西、杨慎初分别探讨了中国孔庙、书院建筑的形制及其发展；[71] 于倬云探讨了礼制思想对紫禁城设计的影响；[72] 萧默探讨了中国古代宫殿建筑中的“五凤楼”这一特殊形制的产生和演变。[73] 他还试图通过与出土实物北凉小

光寺东大殿实测数据解读》，《故宫博物院院刊》，2007（2）。

61 王贵祥，《$\sqrt{2}$与唐宋建筑柱檐关系》，《建筑历史与理论》，第3、4辑，1982、1983年；《关于唐宋建筑外檐铺作的几点初步探讨》，《古建园林技术》，1986（4）、1987（1）、1987（2）；《唐宋单檐木构建筑平面与立面比例规律的探讨》，《北京建筑工程学院学报》，1989年；《唐宋单檐木构建筑比例分析》，《营造》，第1辑，2001年；《关于唐宋单檐木构建筑平立面比例问题的一些初步探讨》，《建筑史论文集》，第15辑，2002年；《唐宋时期建筑平立面比例中不同开间级差系列探讨》，《建筑史》，2003（3）。

62 雷德侯（著），张总（译），《万物——中国艺术中的模件化和规模化生产》，北京：三联书店，2005年。

63 赖德霖，《从马王堆3号和1号墓看西汉初期墓葬设计的用尺问题》，《湖南博物馆馆刊》，第一期，2004年。

64 刘致平，《中国建筑类型及结构》，北京：中国建筑工业出版社，1987年。

65 潘谷西主编，《中国建筑史》（第1-5版），北京：中国建筑工业出版社，1982~2005年。

66 龙庆忠，《中国建筑与中华民族》，广州：华南理工大学出版社，1990年。

67 贺业钜，《考工记营国制考度研究》，北京：中国建筑工业出版社，1985年；《中国古代城市规划史》，北京：中国建筑工业出版社，1996年。

68 李允鉌，《华夏意匠：中国古典建筑设计原理分析》，香港：广角镜出版社，1982年。另，李允鉌对“门堂之制”的讨论应受伊东忠太《中国建筑史》一书有关周代建筑介绍的启发。

69 孙宗文，《我国伊斯兰寺院建筑艺术源流初探》，《古建园林技术》，1984（1）；《南方禅宗寺院建筑及其影响》，《科技史文集》，第11辑，上海：上海科学技术出版社，1984年；《礼制与玄学对建筑的影响——建筑意识研究积微（及续）》，《华中建筑》，1986（3、4），1987（1）；《儒家思想在古代住宅上的反映》，《古建园林技术》，1989（4）；《中国建筑与哲学》，南京：江苏科学技术出版社，2000年。

70 傅熹年，“中国古代建筑等级制度”，《中国大百科全书（建筑、园林、城市规划）》，北京：中国大百科全书出版社，1988年。

71 潘谷西，《曲阜孔庙建筑》，北京：中国建筑工业出版社，1994年；杨慎初，《中国书院文化与建筑》，武汉：湖北教育出版社，2002年。

72 于倬云，《中国宫殿建筑论文集》，北京：紫禁城出版社，2002年。

73 萧默，《五凤楼名实考——兼谈宫阙形制的历史演变》，《故宫博物院院刊》，1984（1）。

石塔进行造型比较，在学界有关嵩岳寺塔建造年代问题的讨论中提出不同角度的证据。于振生则探讨了明清北京王府建筑所遵循的规制。[74] 此外，王世仁结合佛教造像对北京天宁寺塔的研究，[75] 钟晓青[76]、何培斌[77]分别结合《祇洹图经》对唐代佛寺的研究，王才强对隋唐长安规划原理的探讨，[78] 也都是美术史视角的体现。最近美术史角度的中国建筑史研究有李清泉关于辽宋时期陀罗尼经的流行对丧葬习俗、墓葬建筑及塔的造型之影响的探讨。[79] 除此之外，还有一些研究尝试揭示中国建筑的美学理念及所体现的宇宙模式，其中的代表学者有侯幼彬[80]、王世仁[81]、王贵祥[82]、常青[83]、王鲁民[84]和程建军[85]等。

视觉问题是设计方法研究的另一重要方面。汉宝德首先运用西方维也纳学派的视觉分析方法解释中国建筑由唐宋辽风格向明清风格转变的视觉原因。[86] 20 世纪 80 年代以后，张家骥对北京故宫太和殿和蓟县独乐寺观音阁空间艺术的研究，[87] 刘宝仲对沈阳故宫崇政殿空间及中国建筑的研究也都以视觉效果作为着眼点。[88] 傅熹年则注意到了石窟寺佛像的观赏视角与唐代佛教建筑室内空间设计的关系。[89] 美国学者夏南悉（Nancy Steinhardt）也将辽代寺庙建筑藻井的出现与佛像陈设的空间设计联系在一起考察。[90]

视觉问题更是中国景观学的核心问题。这方面的开创性工作是童寯在 20 世纪 30 年代对于苏州园林的研究，至 50 年代后，更有大批学者投身于中国园林的研究，成就突出者有刘敦桢[91]、陈植[92]、陈从周[93]、周维权[94]、郭黛姮、张锦秋[95]、夏昌世[96]、王毅[97]、彭一刚[98]、潘谷西[99]、杨鸿勋[100]、曹汛[101]、卢绳、冯建逵和王其亨[102]、何重义和曾昭奋[103]、汪荣祖[104]、冯钟平[105]、陈薇[106]、

74 于振生，《北京王府建筑》，贺邺钜等著，《建筑历史研究》，北京：中国建筑工业出版社，1992 年。

75 王世仁，《北京天宁寺塔三题佛国宇宙的空间模式》，《清华大学建筑学术丛书（1946-1996） 建筑历史研究论文集》，北京：中国建筑工业出版社，1996 年。

76 钟晓青，《初唐佛教图经中的佛寺布局构想》，《建筑师》，第 83 期，1998 年；傅熹年主编《中国古代建筑史》（第二卷），北京：中国建筑工业出版社，2001 年。

77 何培斌，《理想寺院：唐道宣描述的中天竺祇洹寺》，《建筑史论文集》，第 16 辑，2002 年。

78 王才强，《隋唐长安城市规划中的模数制及其对日本城市的影响》，《世界建筑》，2003 年 1 期。

79 李清泉，《真容偶像与多角形墓葬——从宣化辽墓看中古丧葬礼仪美术的一次转变》，《艺术史研究》，第 8 卷，2006 年。

80 侯幼彬，《中国建筑美学》，哈尔滨：黑龙江科学技术出版社，1997 年。

81 王世仁，《理性与浪漫的交织：中国建筑美学论文集》，北京：中国建筑工业出版社，1987 年；《王世仁建筑历史理论文集》，北京：中国建筑工业出版社，2001 年。

82 王贵祥，《“大壮”与“适形”——中国古代建筑艺术思想探微》，《美术史论》，1985（1）；《佛塔的原型、意义与流变》，《建筑师》，第 52 期，1993 年；《论建筑空间的文化内涵》，《建筑师》，第 67 期，1995 年；《空间图式的文化抉择》，《南方建筑》，1996（4）；《文化、空间图式及东西方的建筑空间》，台北：田园城市，1998 年；《东西方的建筑空间——传统中国与中世纪西方建筑的文化阐释》，天津：百花文艺出版社，2006 年。

83 常青，《从丝绸之路看中国古代建筑文化》，《建筑师》，第 67 期，1995 年。

84 王鲁民，《中国古代建筑思想史纲》，武汉：湖北教育出版社，2002 年。

85 程建军，《中国古代建筑与周易哲学》，长春：吉林教育出版社，1991 年。

86 汉宝德，《明清建筑二论》，台北：明文书局，1972 年。

87 张家骥，《太和殿的空间艺术》，《建筑师》，第 2 期，1980 年；《对“崇政殿建筑艺术”的几点质疑》，《建筑师》，第 13 期，1982 年；《独乐寺观音阁的空间艺术》，《建筑师》，第 21 期，1984 年。

88 刘宝仲，《崇政殿建筑艺术》，《建筑师》，第 6 期，1981 年。

89 傅熹年，《中国古代建筑史》（三国两晋南北朝隋唐五代建筑），北京：中国建筑工业出版社，2001 年。

90 Steinhardt, Nancy, *Liao Architecture*, University of Hawaii Press, 1997.

91 刘敦桢，《苏州古典园林》，北京：中国建筑工业出版社，1979 年。

92 陈植，《园冶注释》，北京：中国建筑工业出版社，1984 年。

93 陈从周，《苏州园林》，同济大学教材科，1956 年；《园林谈丛》，上海：上海文化出版社，1980 年；《扬州园林》，上海：上海科技出版社，1983 年；《说园》，同济大学教材科，1985 年。

94 周维权，《颐和园》，北京：清华大学出版社，1990 年；《中国古典园林史》，北京：清华大学出版社，1990 年；《中国名山风景区》，北京：清华大学出版社，1996 年。

95 郭黛姮、张锦秋，《留园的建筑空间》，《建筑学报》，1963（2）。

96 夏昌世，《园林述要》，广州：华南理工大学出版社，1995 年。

97 王毅，《园林与中国文化》，上海：上海人民出版社，1990 年。

贾珺[107]和英国学者 Maggie Keswick[108] 及 Craig Clunas[109] 等。当然，这些学者的研究视角也不尽相同，亦可按社会科学、人文科学和技术科学进行区分。

无论其是否符合近代科学原理，风水观念是中国传统建筑选址和设计思想研究中一个不可忽略的内容。宿白在 20 世纪 50 年代的白沙宋墓的研究中首先注意到风水堪舆传统对墓地设计的影响。[110] 90 年代冯继仁在此基础上将研究扩展到北宋皇陵。[111] 有关风水观念与中国建筑关系研究的另一位代表学者是王其亨。王其亨在 20 世纪 80 年代对中国传统建筑，尤其是明清陵墓建筑中风水和形势问题的研究从一个特殊角度揭示了视觉因素在中国建筑群体规划和设计上的重要地位。[112] 他对中国建筑禁忌和象征问题的重视还具有重要的人类学意义。近年王其亨及其学生又将研究扩展到清代皇家建筑的主要设计者样式雷家族，并通过解读雷氏图纸和烫样对其设计方法、制图方法进行了深入研究。继王其亨之后，又有许多学者如何晓昕[113]、程建军[114]等对风水堪舆之学在中国发展的历史、操作及影响进行了广泛的研讨。

在技术研究方面，梁思成在 20 世纪 50 年代对真武阁的研究是结构学方法的继续，尽管他认为该建筑运用了杠杆结构的原理这一结论后来并未被学界所接受。这种利用现代结构科学的原理分析中国古代建筑技术的研究思路在陈明达和杜拱辰[115]以及喻维国[116]、郭黛姮[117]的研究中也有所体现。郭湖生在 20 世纪 80 年代初发表了有关《鲁班经》和中国古代城市水工设施的研究，他和张驭寰主编并在 1985 年出版的《中国建筑技术史》汇集了他们自己以及近百位中国建筑史学者的研究成果，是此前中国建筑技术研究的集大成之作。[118] 其后朱光亚对建筑技术的研究更开创性地发现了中国建筑屋架

98　彭一刚，《中国古典园林分析》，北京：中国建筑工业出版社，1986 年。

99　潘谷西，《江南理景艺术》，南京：东南大学出版社，2001 年。

100　杨鸿勋，《江南园林论》，上海：上海人民出版社，1994 年。

101　曹汛，《独乐寺认祖寻亲——兼论辽代伽蓝布置之典型格局》，《建筑师》，第 21 期，1984 年；《张南垣生卒年考》，《建筑史论文集》，第 2 辑，1979 年；《计成研究——为纪念计成诞生四百周年而作》，《建筑师》，第 13 期，1982 年；《戈裕良传考论——戈裕良与我国古代园林叠山艺术的终结（上、下）》，《建筑师》，第 110、111 期，2004 年；《网师园的历史变迁》，《建筑师》，第 112 期，2004 年；《叶洮传考论》，《建筑师》，第 113 期，2005 年；《涿州智度寺塔的史源学考证》，《建筑师》，第 126 期，2007 年；《沧海遗珠——涿州行宫及其假山》，《建筑师》，第 127 期，2007 年。

102　卢绳、冯建逵、王其亨在中国园林方面的调查与研究突出反映在《承德古建筑》（北京：中国建筑工业出版社，1982 年）、《清代内廷宫苑》（天津：天津大学出版社，1986 年）、《清代御苑撷英》（天津：天津大学出版社，1990 年）等书，以及王其亨所指导的诸多研究生论文之中。

103　何重义与曾昭奋对于圆明园的系列研究见于《建筑师》第 1、2、4、5、9、12 等期，1979~1982 年。

104　汪荣祖，《追寻失落的圆明园》，南京：江苏教育出版社，2005 年。

105　冯钟平，《中国园林建筑》，北京：清华大学出版社，1988 年。

106　陈薇，《"饮之太和"与"醉之空无"——中国私家园林和日本枯山水庭园的审美思想比较》，《建筑师》，第 41 期，1996 年。

107　贾珺，《清代离宫中的大蒙古包筵宴空间探析》，《建筑史论文集》，第 17 辑，2003 年；《举头见额忆西湖，此时谁不道钱塘》，《建筑史》，第 1 辑，2003 年；《田家景物御园备，早晚农功倚栏看——圆明园中的田圃村舍型景观分析》，《建筑史》，第 2 辑，2003 年；《簾林前后一舟通，坦然六棹泛中湖——圆明园中的水上游览路线探微》，《建筑史》，第 3 辑，2003 年。

108　Keswick, Maggie, Hardie, Alison, *The Chinese Garden: History, Art and Architecture*, Harvard University Press, 2003.

109　Clunas, Craig, *Fruitful Sites: Garden Culture in Ming Dynasty China*, Duke University Press, 1996.

110　宿白，《白沙宋墓》，北京：文物出版社，1957 年。

111　冯继仁，《论阴阳堪舆对北宋皇陵的全面影响》，《文物》，1994 年第 8 期。

112　王其亨主编，《风水理论研究》，天津：天津大学出版社，1992 年。

113　何晓昕，《风水探源》，南京：东南大学出版社，1990 年。

114　程建军，《中国古代建筑与周易哲学》，长春：吉林教育出版社，1991 年。

115　陈明达、杜拱辰，《从〈营造法式〉看北宋的力学成就》，《建筑学报》，1977（1）。

116　喻维国，《经略真武阁评述》，《新建筑》，1984（3）；喻维国、王鲁民编著，《中国古代木构建筑营造技术》，北京：中国建筑工业出版社，1993 年。

117　郭黛姮，"Excellent Aseismatic Performance of Traditional Chinese Wood Buildings"（具有优异抗震性能的中国古代木构建筑），（日）Seventh International Conference on the History of Science in East Asia 会议论文，1993。

118　张驭寰、郭湖生主编，《中国古代建筑技术史》，北京：科学出版社，1985 年。

结构从举折方式转变为举架方式发生于明代中期；[119] 吴庆洲也将对中国建筑技术的研究扩展到城市防灾问题。[120] 从 70 年代起，杨鸿勋深入细致地研究了中国早期建筑的结构、构造和工具，[121]90 年代李浈对木材加工工具与建筑构件造型关系进行了研究，[122] 罗德胤、秦佑国对颐和园德和园大戏楼声学效果进行了研究，[123] 最近，赵辰 [124] 和张十庆 [125] 从建构方式的角度分析了中国建筑的类型甚至进化过程，这些都是技术史研究方面的新思路。

总体而言，20 世纪中国建筑史研究借助考古学、社会学、人类学等社会科学，美术史等人文科学，以及结构学、构造学、声学等技术科学，获得了巨大的进展。世纪之交由刘叙杰、傅熹年、郭黛姮、潘谷西、孙大章分别主编的五卷本《中国古代建筑史》，[126] 以及萧默主编的上下卷《中国建筑艺术史》[127] 两部巨著比较集中地反映了这些进展。在新的世纪里中国建筑史研究仍将随着这些学科的发展而继续发展。Tracy Miller 新近出版的有关晋祠的个案研究结合了考古学、人类学、宗教学、社会学和美术史，一方面说明历史的丰富性必然要求研究角度的多样性，另一方面说明多角度的综合研究正在成为中国建筑史研究的一个方向。[128]

然而，需要格外注意的是，在强调不同学科对于建筑史研究的影响的同时，决不能忽视历史学本身的作用。事实上历史学仍在若干方法论层面上支配着建筑史这一史学分支。首先，历史研究的基础是史料，包括实物的、文字的、图像的、口碑的，乃至数据的。无论采用何种分析方法，翔实的史料——“有什么”——都是不可或缺的条件。不难想象，没有营造学社的实证性调查，今天的中国建筑史将失去其最核心的个案材料。保存史料

119 朱光亚，《探索江南明代大木作法的演进》，《南京工学院学报》，1983 年。

120 吴庆洲，《中国古代城市防洪研究》，北京：中国建筑工业出版社，1995 年。

121 杨鸿勋，《建筑考古学论文集》，北京：文物出版社，1987 年。

122 李浈，《中国传统建筑木作工具》，上海：同济大学出版社，2004 年。

123 罗德胤、秦佑国，《颐和园德和园大戏台声学特性测量与分析》，《建筑史论文集》，第 13 辑，2000 年。

124 赵辰，《对中国木构传统的重新诠释》，《世界建筑》，2005 年 8 期。

125 张十庆，《从建构思维看古代建筑结构的类型与演化》，《建筑师》，第 126 期，2007 年。

126 刘叙杰、傅熹年、郭黛姮、潘谷西、孙大章分别主编的五卷本《中国古代建筑史》，北京：中国建筑工业出版社，2001~2003 年。

127 萧默主编，《中国建筑艺术史》，北京：文物出版社，1999 年。

128 Miller, Tracy, *The Divine Nature of Power: Chinese Ritual Architecture at the Sacred Site of Jinci*, Cambridge: Harvard University Press, 2007.

就是保存文化基因，这种认识在当前文物破坏严重、第一位学者见过但第二位学者未必能够再见、今天可以看到但明天未必能够再看到的现状下更显其重要。[129] 其次，在工作方法上历史学还强调文献的使用，通过细致的文献研究进行史实的考证是历史学最基本的方法。喻维国等整理编辑了多卷《建苑拾英》，[130] 是对中国建筑文献学的积极贡献。朱永春通过对文图的再解读，重新阐释了《营造法式》“分槽”的概念。[131] 近年曹汛不断呼吁加强建筑史学者的史源学与年代学训练，就意在矫正一些偏执于“类型学”的经验所导致的错判和误判，而他的每一篇论文都堪称是史源学和年代学方法的范例。[132] 他提醒我们，在当今建筑史研究多关注于“为何是”和“如何是”的问题时，大家切不可忽视“是什么”这个最基本的问题。此外，历史学还强调具体问题具体分析，因此，有助于将以风格编年或类型分类为方式的既有宏观“大中国”建筑史写作引向更为深入具体的中国各地方建筑史，[133] 以及建筑史个案与专题研究。例如，郭湖生在城市史研究中就反对将城市简单视为某种设计理念的产物而强调更为具体的政治、经济、宗教、社会生活等因素的作用。[134] 这方面的新近样例除陈志华的乡土建筑研究之外，还有一些美术史界学者的研究，如巫鸿对汉长安的研究，[135] 汪悦进对乾隆花园的研究等。[136] 汪悦进还和郑岩在 2008 年 6 月合作出版了《庵上坊》一书，对这座牌坊的“接受史”进行了深入细致的考察，为中国建筑史的研究提出了一个崭新的思路。[137] 他们的研究向我们展示，对更具体的时间、地点、人物，以及原因、事件和结果的探究将为建筑史的研究走向深入提供更多的可能。

129 笔者在给友人一封信中写道，史料工作“看似简单，甚至可能被认为非历史，但我一直认为它对于学术研究极为根本，是目前中国研究生建筑史学方法论教育中需要十分强调的一个内容。如果全国所有大学每年不下百位的建筑历史研究生每一位都能把测绘一栋建筑、整理一套目录、搜集一件历史照片或文物、采访一位建筑师作为一项基础训练和实习，从现在做起，并由核心机构汇集、发表这些材料，则若干年后中国建筑史研究的整体必有极大改观。”

130 李国豪、喻维国主编，《建苑拾英》，上海：同济大学出版社，1999 年。

131 朱永春，《〈营造法式〉殿阁地盘分槽图新探》，《建筑师》，第 124 期，2006 年。

132 曹汛，《姑苏城外寒山寺——一个建筑与文学的大错结》，《建筑师》，第 57 期，1994 年；《嵩岳寺塔建于唐代，建筑史上应该重写》，《建筑学报》，1996 (6)；《中国建筑史基础史学的史源学真谛》，《建筑师》，第 69 期，1996 年；《〈营造法式〉崇宁本——为纪念李诫〈营造法式〉刊行 900 周年而作》，《建筑师》，第 108 期，2004 年；《安阳修定寺塔的年代考证》，《建筑师》，第 116 期，2005 年；《期望修定寺——碑刻考证与建筑考古》，《建筑师》，第 117 期，2005 年；《修定寺建筑考古又三题》，《建筑师》，第 118 期，2005 年；《二龙塔考证和呼救》，《建筑师》，第 120 期，2006 年；《涿州云居寺塔的年代学考证》，《建筑师》，第 125 期，2007 年。

133 在最近了解到的地方建筑、乡土建筑以及少数民族建筑研究中，笔者感到尤其具有启发性的有：李乾朗，《传统营造匠师派别之调查研究》，(台北)“行政院文化建设委员会”，1988 年，《台湾寺庙建筑大师——陈应彬传》，？，2005 年；曹春平，《客家土楼的夯筑技术》，《建筑史论文集》，第 14 辑，2001 年；张十庆，《江南殿堂间架形制的地域特色》，《建筑史》，2003 (2)；张玉瑜，《大木怕安——传统大木作上架技艺》，《建筑师》，第 115 期，2005 年；杨立峰、莫天伟，《仪式在中国传统民居营造中的意义——以滇南“一颗印”民居营造仪式为例》，《建筑师》，第 124 期，2006 年；宾慧中，《白族传统合院民居营建口诀整理研究》，《第四届中国建筑史学国际研讨会论文集——全球视野下的中国建筑遗产》，上海：同济大学，2007 年。

134 郭湖生，《关于中国古代城市史的谈话》，《建筑师》，第 70 期，1996 年；《中华古都：中国古代城市史论文集》，台北：空间出版社，1997 年。

135 Wu Hung, *Monumentality in Early Chinese Art and Architecture*. Stanford University Press, 1995; *Remaking Beijing: Tiananmen Square and the Creation of a Political Space*. London and Chicago: Reaction Books and the University of Chicago Press, 2005.

136 Wang, Eugene, Y., 'Back to the Future: The Qianlong Emperor's Retirement Garden on the Forbidden City.' First International Symposium on Classical Chinese Gardens: Cultivating the Self and Nurturing the Heart, Columbia University, September 15-16, 2001.

137 郑岩，汪悦进，《庵上坊》，北京：三联书店，2008 年。

14

关于柯布西耶住宅作品的建筑解读

摘要

这是一篇建筑史方法论的读书笔记。它围绕着《国际式》、《空间、时间和建筑》、《理想别墅的数学及其他论述》、《私密性和公共性——作为大众媒体的现代建筑》等四本西方现代建筑历史理论名著关于柯布西耶住宅作品的解读，分析了他们各自的立论和论证方式。

勒•柯布西耶　1887~1965 年

这是一篇建筑史方法论学习的读书笔记，而不是一篇史学史论文。所读的几本书分别是《国际式》、《空间、时间和建筑》、《理想别墅的数学及其他论述》、《私密性和公共性——作为大众媒体的现代建筑》。除最后一本之外，前面三本都是几十年前的老书，算不上新思潮，但它们都是西方现代建筑史上的名著。尽管我非常希望能够通过分析不同著作的理论体系、分析方法和它们与各自的作者所处的社会文化背景的关系，从而把握西方现代建筑史学史的发展脉络，但很惭愧，在目前阶段我还不具备这个能力。在这篇读书笔记中，我只想通过比较几本书或多或少都涉及的一个内容——对勒•柯布西耶住宅作品的分析，来看一看每一位作者，准确说是每一位著名的现代建筑历史理论家，面对一栋建筑作品是如何去看的，他们是如何立论，又是如何论证的。这种比较对我自己来说是一种建筑史方法论的训练，借助它我试图学会如何去解读建筑学术著作。对于大多数对建筑感兴趣的人来说，我想这种比较也可以看作是一种学习的过程，因为它可以帮助我们去理解建筑学习中一个

原载《世界建筑》，1999 年 4 期。

非常基本但却并不容易说清楚的问题：如何解读建筑。

亨利－拉瑟尔•希区柯克和菲力浦•约翰逊合写的著作《国际式》（Henry-Russell Hitchcock and Philip Johnson：*The International Style*）初版于1932年。这一年，两位作者主办了纽约现代艺术馆的第一次建筑展览“国际式：1922年以来的建筑”，《国际式》一书就是他们为展览而写的综合介绍。在这本书出版之前，新建筑已经经过了半个多世纪的发展并在20世纪20年代后形成燎原之势，但由于缺少系统的理论总结，它们尚未能获得普遍的承认，是这本书第一次对新建筑的美学特征进行了概括并赋予它以定义，从而确立了新建筑在历史上的地位。在这本书的封面上就印有一幅柯布西耶设计的萨伏伊别墅（Villa Savoye, Poissy，1929~1931年）的正立面透视图。（图1）

图1 《国际式》封面

是什么理由使得两位作者把柯布西耶的这件作品当作为“国际式”建筑的典型代表呢？这就是他们所提出的新风格的三个基本特征：强调容量（volume）而反对体量（mass）；强调规整（regularity）而反对对称（symmetry）；依靠材料内在的美（the intrinsic elegance of materials）而反对附加的装饰（applied decoration）。在《国际式》中，两位作者从新建筑与以往建筑不同的结构方式去论证了这三个相应的美学特征。这种认识在今天看来或许已经非常普遍，但在当时却是第一次对现代建筑的明晰表述。这一年约翰逊仅仅26岁，希区柯克也才29岁。

他们说：“当代的建造方式采用了骨架承重，为避免气候的影响而将骨架用墙以某种方式围合起来。按照传统的砖石结构，墙本身就是承重体，现在它成了一种附加物。”正是由于这一基本特点，“先前建筑稳定而坚固的体量特点现在基本消失了，取而代之的是一种容器的效果，更准确地说，是一个用平整的外表包裹着的容器。建筑的基本象征不再是厚重的砖墙，而是一个开敞的盒体。”

按照结构决定造型这一逻辑，他们继续说：“当代建筑风格的第二条原则与规整性相关。框架结构的支撑体系通常，也是最典型的，是按照等距离的分布以使受力均匀，这样大多数建筑就有一种内在的规整韵律。”“在以往的各种风格中，控制设计的是轴线对称原则而不是这里所说的规整性原则。”“非对称的设计方式在实际上不仅合乎美的要求，同时也合乎技术的要求。因为非对称可以提高构图的总体趣味，在当代大多数的建筑类型中，非对称的形体可以更直接地表达建筑的功能。”

关于第三个特征，他们说：“建筑并非没有任何的装饰要素。因为装饰并不仅仅是指附加的装饰物，而且还包括所有伴随着设计而产生的所有给予整体以趣味和变化的东西。对于建筑的细部，不仅过去的结构需要，现在的结构也同样需要，它给予当代的建筑以装饰。事实上，结构所要求的细部和象征内在结构的细部为过去那些比较纯粹的风格提供了大部分的装饰。”

两位作者也注意到了现代建筑结构对于建筑空间的影响。在讨论了三个造型特征后他们又说：“现代框架结构的建造方式将平面从砖石结构所恪守的僵硬直线解脱出来。独立支撑的柱子基本不会干扰自由的空间和人流。室内的隔墙像室外的墙面一样，仅仅是隔断，这样平面设计就可以完全遵循功能的需要。”

根据这些认识，希区柯克和约翰逊把柯布西耶、赖特、格罗皮乌斯、密斯•凡德罗等人视为现代建筑的代表人物。而柯布西耶的作品，无论在外观上还是在内部空间上都是这种新风格的理想图解。

然而，尽管希区柯克和约翰逊对现代建筑的解读在建筑史上具有重要意义，而且影响很大，但它的缺点也是很明显的。另一位著名的现代建筑历史理论家西格佛里德•吉提翁就是它的批评者之一。吉提翁在 20 世纪 60 年代曾经说过：“我们仍然处在新传统的生成时期。……有一个词我们应该禁止使用去描述当代的建筑，这个词就是‘风格’。一旦我们把建筑限定在一种‘风格’的认识之中，我们就为形式主义的通行敞开了大门。当代的建筑运动并不是一种 19 世纪造型特征意义上的那种‘风格’，它是一种途径，通向那种不知不觉已经深深潜入我们之中的生活。”“名副其实的当代建筑把诠释对于我们这个时代有生命力的生活当作自己的主要任务。”（《空间、时间和建筑》第五版“介绍”）

吉提翁的著作《空间、时间和建筑——一种新传统的成长》（*Space*、*Time and Architecture*，*the growth of a new tradition*）初版于 1941 年，这是他根据自己在哈佛大学担任教授期间讲课的内容写成的。该书一出版就获得了极高的评价，在作者生前即已 5 次再版，16 次重印，它是当之无愧的现代建筑的经典著作。吉提翁本人也被公认为当代世界最杰出的建筑评论家和历史理论家之一。

还是让我们回到本文的标题“关于柯布西耶住宅作品的建筑解读”来看看吉提翁是如何展开他的分析的吧。在这本书的第六部分“艺术、建筑和营造中的空间–时间”中吉提翁用一节的篇幅讨论了柯布西耶的萨伏伊别墅。他说：“柯布西耶设计的所有住宅都针对着同样的问题。他总是试图让住宅变得开敞，从而创造一种室内和室外、室内各部分相互连通的可能性。”他在分析这栋别墅的空间特点时说：“从单一的视角去理解萨伏伊别墅是不可能的，事实上它是一个空间–时间的营造。无论是上还是下、内还是外，别墅的各个面都有开口。在任何一点的剖面图都会表明，室内外的空间非常复杂地交织在一起。”“波罗米尼[1]在他所设计的一些晚期巴洛克教堂中已经趋近一种室内外空间相互穿插的效果，这种效果的第一次实现是在我们这个时代，通过现代的工程技术，体现在1889年建成的埃菲尔铁塔上。在20世纪20年代后期，这种效果在居住建筑中也变成了可能。这种可能性蕴含在框架系统的建筑方式之中，但必须像柯布西耶那样去运用、去表现一种新的空间理念。”（图2、图3）

1 弗朗西斯克·波罗米尼，Francesco Borromini，1599~1667年。

正是从空间理念着手，吉提翁建立了他自己的建筑历史理论框架，并对现代建筑作出了不同于希区柯克和约翰逊的解读。后者强调的是外部造型，而他强调的是

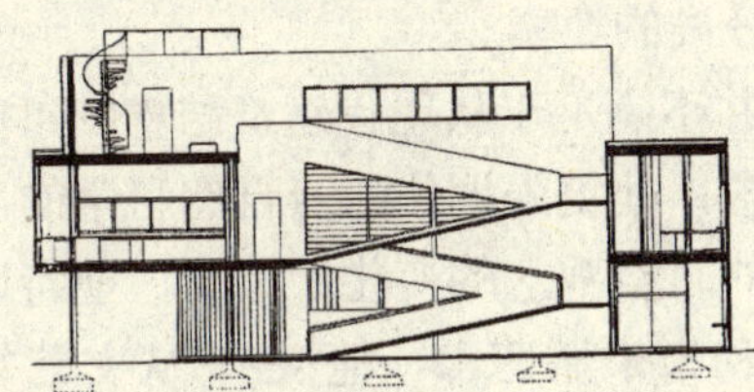

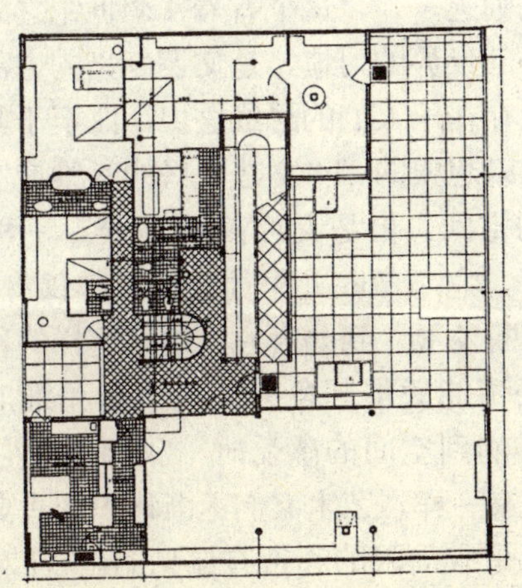

图2　萨伏伊别墅剖面和2层平面

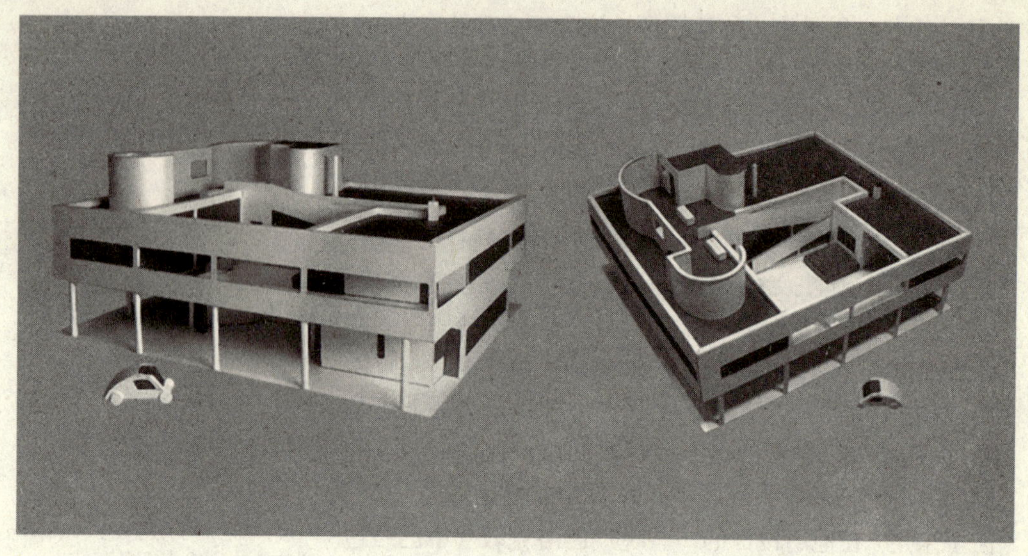

图 3 萨伏伊别墅三维模型

空间的观念。在他看来，西方建筑发展的几个阶段可以用三种空间概念进行概括：最早的空间概念起源于古代埃及直到希腊的庙宇和宫殿，这一阶段的设计重点在于体量以及体量之间的相互关联，而不在于室内空间。第二个空间概念形成于古罗马，并在哥特式大教堂中得到弘扬直至 19 世纪末，在这一阶段，西方的室内空间获得了极大地发展。在 20 世纪，西方的建筑又达到了一个新的阶段，而且又增添了新的内容：室内和室外的交融、不同层面的穿插。这些新的内容使得运动成为建筑中一个不可分离的要素。

吉提翁并不满足于从现代建筑结构的可能性去论证新的空间概念，他更强调伴随着自然科学的发展艺术家和建筑师们的时空观念的变化。为此，他特别讨论了现代的立体派和未来派艺术。他说："从文艺复兴时期到本世纪（20 世纪）的第一个 10 年，透视法一直是绘画中最重要的法则之一。""这个有着 4 个世纪之久的用三个维度观看外部世界的习惯，是文艺复兴的方法，它如此根深蒂固地存在于人们的思维之中，以至于其他的认识形式都是难以想象的。""文艺复兴的三维度空间是欧几里德几何的空间。但是大约在 1830 年，一种新的几何体系诞生了，它不像欧几里德几何那样仅有三个维度。这种几何不断发展，到如今它已达到这样的程度，即数学家们已经不能凭借想象去把握图形和维度了。""当这些认识影响到空间的感受时，我们也对它产生了兴趣。像科学家一样，艺术家们逐渐认识到古典的空间和体积的概念是有局限的和带有偏见的。"针对立体主义和未来派艺术，吉提翁说："立体主义的艺术家们并不想从一个单独的视角去再现物体的外观，他们试图绕过外表而去把握物体的内在构成。他们试图拓展感知的范围，就像当代科学拓展它的表述以涵盖物质现象的新的层面一样。""立体主义突破了文艺复兴的透视法，它看物体的视角是相对的，也就是多角度的。这些视角中没有一个是最主要的。经过这样对物体的剖析，立体主义对物体的观看在同一个时刻却是多方位的——从上到下，从内到外，它环视物体，也进入物体，这样就给被若干个世纪奉为圭臬的文艺复兴三维度的表现增加了一个第四维——时间。"在吉提翁看来，未来派艺术和立体主义艺术有着相似的特点，它的绘画、雕刻和建筑作品都是"基于对运动以及与运动相关的穿插、渗透和同时性的表现。"

在上述分析的基础上，吉提翁提出了他的"空间–时间"概念。按照这个概念，空间和时间是一体的，空间不再是三个维度，它包含了时间，也就是运动的因素。这一概念是吉提翁解读现代艺术，包括现代建筑的一把钥匙。所以他对萨伏伊别墅的描述和分析十分强调空间的相互渗透与穿插这一特点，并因此而称这栋别墅"是一个空间–时间的营造。"（a construction in spacetime）

如果说希区柯克、约翰逊和吉提翁都是从大的背景——无论是结构技术还是空间观念，并从现代建筑对历史的突破来解读柯布西耶的作品的话，那么英国著名建筑史家柯林•罗（Colin Rowe）则注意的是柯布西耶本人的审美及其与历史的关联。前者强调的是历史的普遍性和规律性，后者强调的是它的特殊性和或然性。

我们都知道意大利文艺复兴晚期的建筑巨匠帕拉第奥，英国的建筑就曾经受到他的理论的很大影响。从18世纪到19世纪上半叶，英国建筑的乔治风格（Georgian Style）就是帕拉第奥古典主义建筑理论的体现。柯林•罗便从对比柯布西耶和帕拉第奥展开了他对柯布西耶的两件名作——萨伏伊别墅和斯坦因别墅的分析。

柯林•罗的文章《理想别墅的数学》（*The Mathematics of the Ideal Villa*）1947年发表于*Architectural Review*杂志上，又于1977年收入他的著作《理想别墅的数学及其他论述》（*The Mathematics of the Ideal Villa and Other Essays*）。在这篇文章的开始，柯林•罗首先引用了英国17世纪建筑大师克里斯托夫•雷恩对于"本真的美"

（Natural beauty）和“习惯的美”（Customary beauty）的一段讨论。雷恩说：“美有两个起因，一是本真，二是习惯。本真的美来自于存在于普遍而又恒定的几何，它是均等性和比例；习惯的美来自使用，就像亲近会孕育出爱，爱那些本身并不可爱的东西。”柯林•罗就试图阐明柯布西耶在“本真的美”方面与帕拉第奥所代表的古典主义的一致性，而在“习惯的美”，也就是建筑师个人的审美方式方面与他们的差异性。他在文章中以较大的篇幅比较了帕拉第奥的佛斯卡里别墅（Villa Foscari, Malcontenta di Mira. 约 1550~1560 年）和柯布西耶的斯坦因别墅（Villa Stein, Garches，1927 年）（图 4 ~ 图 9）。他首先发现两栋建筑在平面秩序上具有明显的相似性：“如果不算它们屋顶处理的不同，两栋建筑都可以被视为对应于各自体量的体块。它们各自的长宽高比例都是

图 4　佛斯卡里别墅立面

图 5　佛斯卡里别墅平面

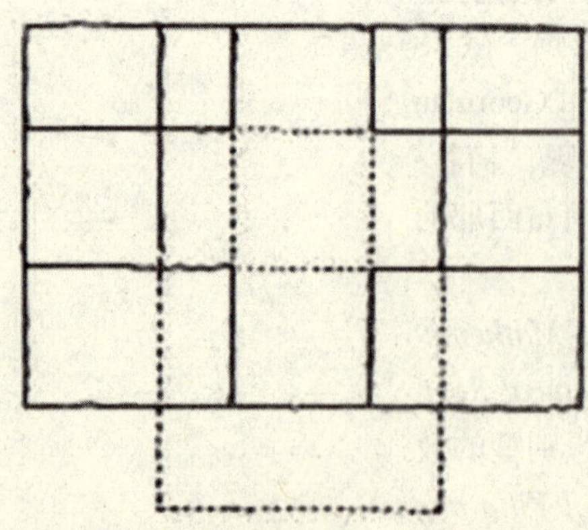

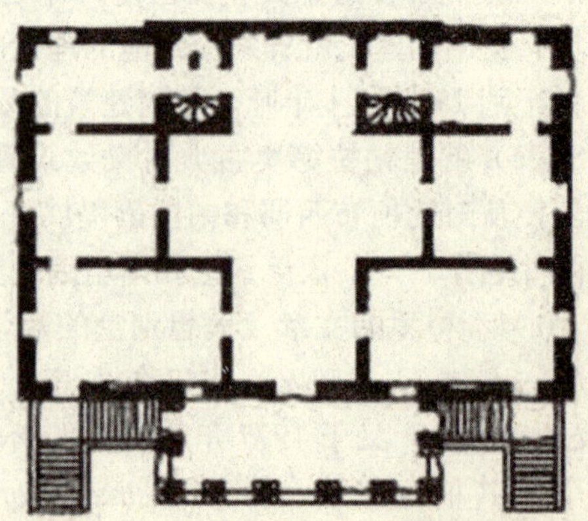

$8\times 5\frac{1}{2}\times 5$。除此之外，还可以看到一个相似的开间结构，即每栋住宅都有一个 2、1 变化的开间韵律。而且每栋住宅的平面从前到后都呈现出一个相似的、由支撑体系分成的三个部分。”但他接着说：“不过，在这个时候我们最好用‘基本上’这个词。因为，如果两栋建筑在基本的水平坐标上的分布是非常相像的，这里仍然有一些细微但却很重要的差别，关系到平行于立面的支撑体连成的直线。在斯坦因别墅，基本的空间间隔从前到后的顺序是 $\frac{1}{2}:1\frac{1}{2}:1\frac{1}{2}:1\frac{1}{2}:\frac{1}{2}$ 的比例，而在佛斯卡里别墅看到的是 $2:2:1\frac{1}{2}$ 的顺序。换句话说，采用一个 $\frac{1}{2}$ 单位的悬挑部分之后，柯布西耶压缩了他的中心开间的宽度，因此他将建筑的兴趣点转移开来。帕拉第奥通过一个向前凸出的门廊确立了建筑中心开间的主导地位，并将人们的注意力集中于这两者之上。”而斯坦因别墅正好相反，柯林•

图 6 斯坦因别墅外观

图 7 斯坦因别墅平面

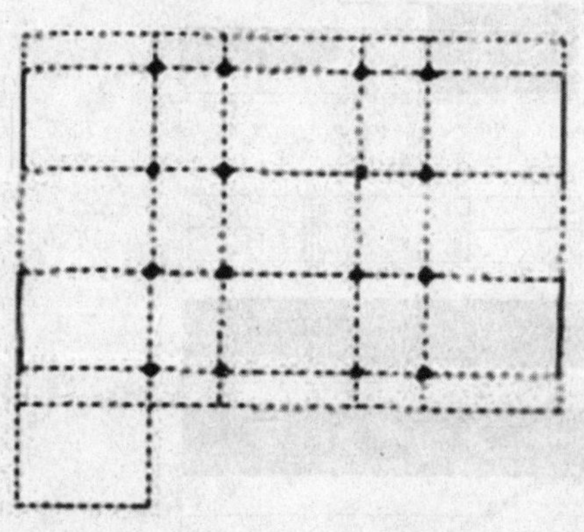

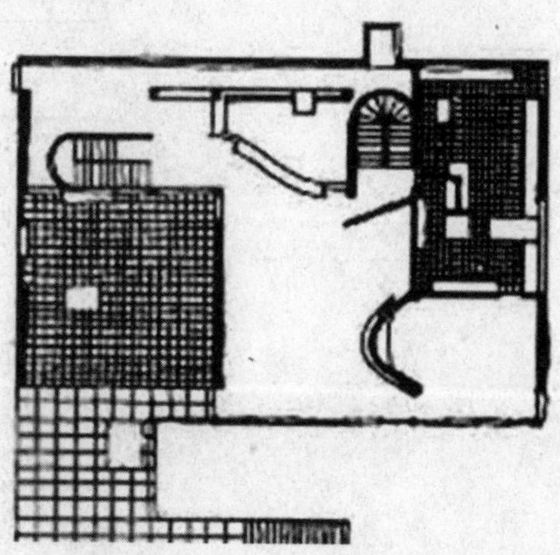

罗指出："一个设计的［各个部分］是潜在地分散的并有可能是平等的，而另一个设计的［各个部分］是集中的而且理所当然的是有等级划分的。"

这种相似性和差异性还出现在斯坦因别墅的许多细节上，尤其是它的比例方面。柯林•罗说："功能主义大概是一个高度的实用主义的尝试，目的在于重新唤起一个科学的美学体系，它可以拥有旧的和终极的柏拉图-亚里士多德批评法的客观价值，但是它的解读很不成熟。按照过程去评价结果，比例显然就成为没有意义的和没

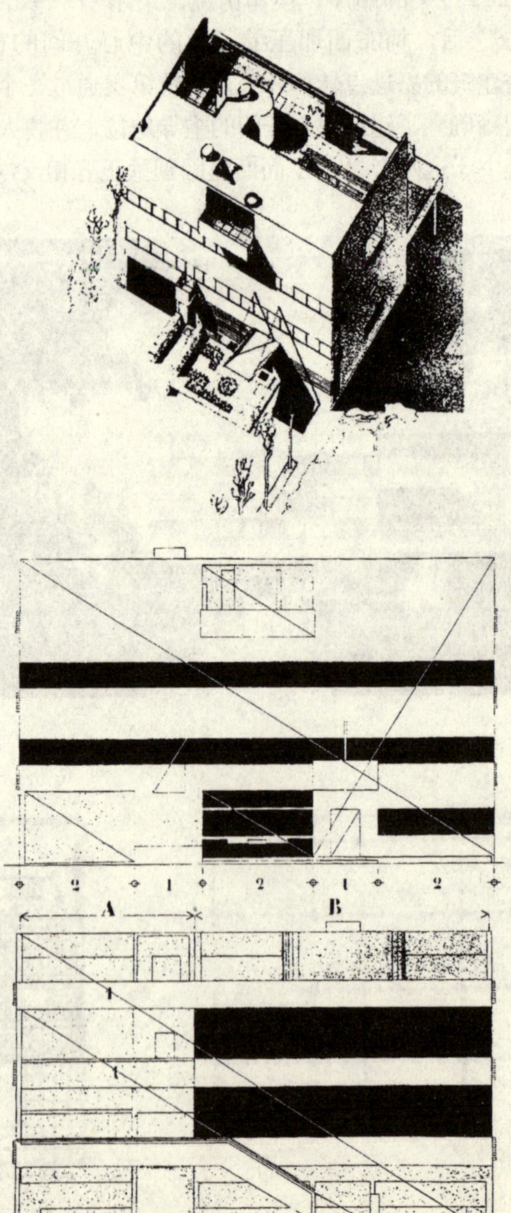

图 8　斯坦因别墅轴侧图

图 9　斯坦因别墅立面比例分析

有必要的。正是为了反对这一理论，柯布西耶在他的建筑上采用了数学的模数。”“因此，无论是否依据理论，两位建筑师都遵循了一个共同的标准，一个数学的标准，它被雷恩称为‘本真的美’。同时，在一个特定程序的范围内，两栋建筑要采用一致的体块，或两位建筑师要去表明他们对数学公式的恪守就不是什么值得奇怪的事了。在两个人中，可能在个性上，柯布西耶更为敢作敢当。在斯坦因别墅的设计上，他用一组直线和在立面图上标注的黄金分割比例，即 A:B=B:(A+B）说明了他的这些关系。”（图 9）尽管如此，两栋建筑立面的差异也是显而易见的。柯林•罗说：“在佛斯卡里别墅，正如我们已经知道的，立面在竖向上被分为三个主要部分：门廊和左右两旁的墙；水平方面也是一样，分别是基座、墙身、屋顶。但是在斯坦因别墅，尽管结构秩序与前者相似，呈现在我们眼前的至少是两个，亦或是四个兴趣点，而不是一个。”这就是说，斯坦因别墅与佛斯卡里别墅在立面上的本质差别仍然在于是否有一个突出的中心。

对于柯布西耶的萨伏伊别墅，柯林•罗将它与帕拉第奥的圆厅别墅作了对比。他说，比起前两栋建筑，萨伏伊别墅和圆厅别墅名气更大些，但它们也都各自更理想化并容易把握。这大概是因为两者都有圆形。而且，在斯坦因别墅和佛斯卡里别墅中被两个立面所集中的内容现在分散到了四个面上，外观效果因此显得格外亲切。但是，如果在这些立面上我们感受到的是松弛而不是抑张的话，相似的情形也出现在其他一些建筑之中。这种情形就是在平面和立面上帕拉第奥强调中心性的地方，柯布西耶却是坚决地化解焦点。

柯林•罗没有把柯布西耶的设计与以帕拉第奥的作品为代表的古典主义建筑的差别视作结构或某种普遍观念变化的结果，在这篇文章里他更强调“习惯的美”，他说：“在‘习惯的美’的范围里，帕拉第奥和柯布西耶的建筑分属两个不同的世界。帕拉第奥追求平面完全的明晰性，以及将对称当作具有秩序而又最容易记忆的形式，并在此基础上追求对常规的建筑要素最为清楚的组织，他把数学当作形式世界的最高裁判。在他自己的心目中，他的工作是一种改编，对古代住宅的改编，而且在他的脑海里，总有着帝王内廷的高轩敞厅，以及类似梯沃里的哈德良宫这样的建筑。”“对比起来，柯布西耶在某些方面是一个具有折中性的最能兼容并蓄也最有独创性的人。……尽管他非常欣赏雅典卫城和米开朗基罗，帕拉第奥从中获取表现灵感的地中海文化世界对于他却是行不通的。人文主义的附加装饰物、伦理道德形象性的表现、众神的仁爱、圣者的生活都已失去了他们先前所占据的垄断地位。结果是，原本在佛斯卡里别墅中的集中性和直截了当的意指，在斯坦因别墅中成了离散的和暗隐的。一栋建筑试图效法古罗马人，但另一栋则没有这种排他的文化企图。与前者不同的是，柯布西耶的艺术鉴赏力来自他的博采众长，来自巴黎、伊斯坦布尔或随便什么地方，或者随便什么碰巧看到的图案、机械装置、显得特别的物体、任何可以表现现在或可以为我所用的过去的形象，以及所有那些题材，虽然被新的文脉所改造，但仍旧保持原有的含义，或象征柏拉图式的理性，或象征洛可可式的亲切，或象征机械时代的精确，亦或象征一种自然的选择过程。”

柯林•罗的这篇文章也是现代建筑史上的一篇名作。相对于希区柯克、约翰逊和吉提翁的宏观论述，这篇文章仅仅是一个中观研究。但只有通过许许多多的中观研究和微观研究，才能使得大的历史更加丰富，并且更加深入。也只有在这种研究中我们才能更清晰地感受到建筑作为建筑师、工程师或业主和使用者等个人的能动作用的反映，而不是仅仅作为某种宏观史论的注解。在这一方面，普林斯顿大学建筑学院的教授、著名学者和设计师碧翠兹•克罗米娜（Beatriz Colomina）的著作《私密性和公共性——作为大众媒体的现代建筑》（*Privacy and Publicity*：*Modern Architecture as Mass Media*, MIT Press，1994）也有相似的倾向。所谓“媒体”就是一种中介，一种人们感知外部世界的通道。所以在这本书里，柯布西耶住宅带给人们的那种独特的感知外部世界的方式就是克罗米娜最关心的问题。她说：“观看，对于柯布西耶来说是住宅中的基本活动。住宅是一个观看世界的装置，一个看的机械系统。”（图 10）所以克罗米娜用了大量篇幅讨论了柯布西耶住宅设计中所具有的特殊视觉效果。

她是如何展开论证的呢？这本书很长，在这里我仅介绍她的两个观点。先说说她对柯布西耶的水平带窗的解读。

在书中，克罗米娜引述了柯布西耶与另一位早期现代主义建筑师奥古斯特·佩雷（August Perret，1874~1954 年）关于开窗形式的争论，前者主张水平带窗，而后者主张垂直竖窗。在佩雷看来，垂直的窗户可以再现“完整空间的印象”（impression of complete space），因为它所包含的景致可以有远伸的道路，平展的花园，还有天空，可以给人一种透视的深度感，而水平的窗户则会削弱这种感觉，缺少深度的景象就像是一幅贴在窗户上的平面投影。克罗米娜说：“在这场争论中，佩雷按照一种现实主义的认识方式，非常清楚地表明了对于再现（representation）这一问题的传统观点的权威性，再现被定义为主观对客观现实的复制。如此说来，柯布西耶水平窗户的概念和他作品的其他方面一样，削弱了这种再现。”

有趣的是，克罗米娜也像吉提翁那样借助了现代绘画来论证柯布西耶水平带窗所产生的与以往不同的视觉效果。她引用了柯布西耶关于纯粹主义绘画的一段话：“第一，客体被视作纯粹的平面延展，被当作平扁的形体，它并不靠侧转物体与画面的相对关系去表现深度。第二，物体都聚集在一起，它们的边线保持连续。第三，作为‘次要的属性’，颜色和质感的表现强调的是固有的外观。

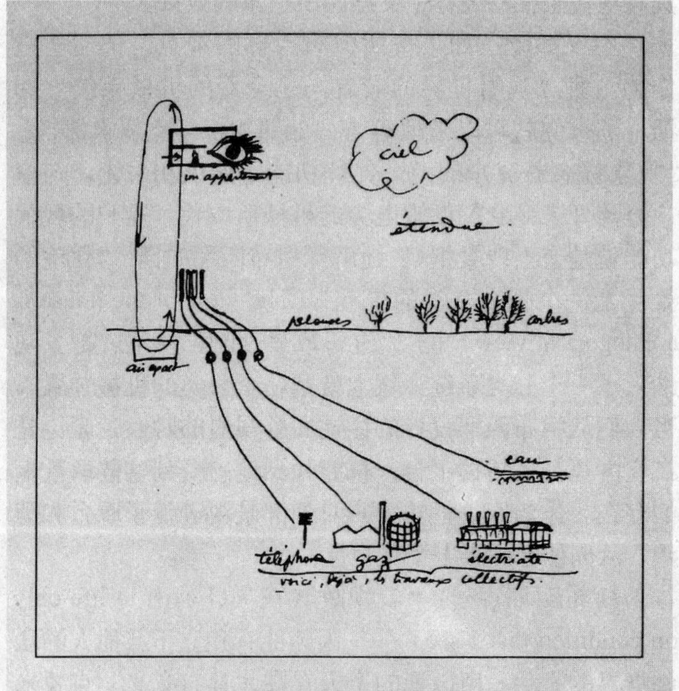

Sketch in La Ville radieuse, *1933.*

图 10　柯布西耶把住宅当作一个观看世界的机械系统

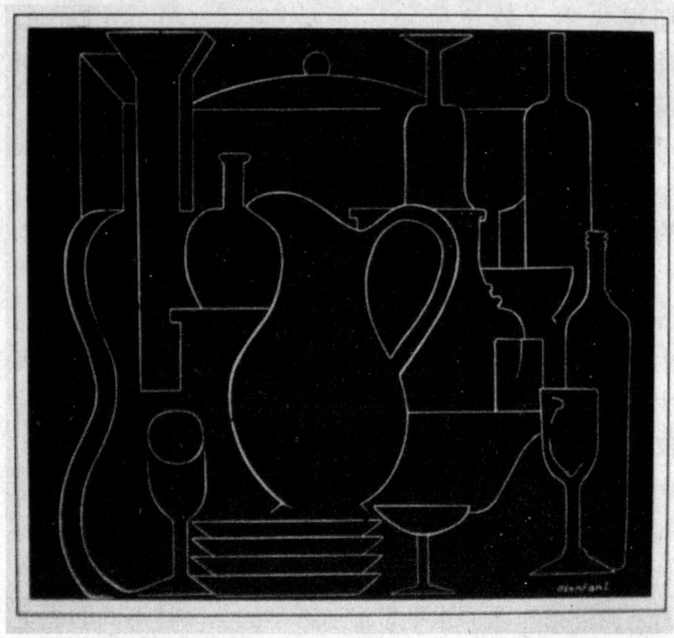

图 11　纯粹主义绘画：欧赞方（Ameédée Ozenfant）：静物（1928 年）

这样在画面里，距离或深度就不再是将现实世界中的物体区分开来的空间表现。”这就是说，纯粹主义绘画对于物体间的前后关系的表现是通过二维的平面叠盖，而不是通过三维的深度表现（图 11）。因此，佩雷对水平带窗所持的批评——缺少深度的平面投影，恰恰是一种具有现代意义的纯粹主义绘画所追求的效果。

不仅如此，如果按照柯布西耶的观点，把住宅看作为一种“观看世界的装置，一个看的机械系统”的话，那么它就可以被理解为一部照相机。克罗米娜说：“映象标志着窗户的两个传统功能，通风和采光，与窗户分离开来，它们都被电力的机械所取代。窗户的现代功能就是充当取景框。”她解释柯布西耶的话：“住宅的景观是一个带有分类的景观”（The view of the house is a categorical view）说：“进行取景之时，住宅就把景观纳入了一个分类系统。住宅就是一个分类的机械装置”，当人们从柯布西耶设计的住宅向外观看的时候，无论是在室内还是在屋顶平台，都能强烈地感受到这些取景框的存在。作为取景框的窗户对外部景观进行了取舍和剪裁，从而使客体带上了主观性。

柯布西耶说过：“我视故我在”（I exist in life only on condition that I see）——因为他有独立于其他人的认知世界的方法，所以他的个人存在才具有意义。克罗米娜正是从“看”这个概念入手，去解读柯布西耶的作品与众不同的视觉效果，从而使我们对他的建筑的理解变成为一种对主体性的理解。

柯布西耶是永恒的。关于他的研究已可谓是汗牛充栋，我相信以上介绍的几本书只不过是这些研究中很小的一个部分，即使在方法论上，它们也不代表西方建筑史学的全貌。我不可能一一穷举所有的观点，也不敢去妄评这些观点的得失。我只想说，建筑的解读有着很多的可能性。而且，随着人们的不懈努力，这些解读也在不断深化。从这篇读书笔记所谈的几本书就可以或多或少地看出人们对于柯布西耶住宅作品解读视角的变化，从结构技术、造型特征到空间观念，再到建筑师的个人修养和主体意识。不同角度的解读丰富了我们对建筑的理解，并从不同的方面促进了这个学科的发展。

建筑的解读是一种对形式意义的探寻和价值的评判。它可以将形式语言变成为文字语言，将感性变成为理性，将经验变成为知识，将个人的创造活动变成为一种社会的文化积累，并成为一种可以世代相传。可以发扬光大的学术传统，变成为推动整个事业前进的力量。建筑的解读不是参禅，它需要历史，也需要理论。反过来，好的建筑解读也会上升为历史和理论而成为我们这个学科的基础。可以说，建筑解读的历史也就是建筑学发展的历史。这一点，希区柯克、约翰逊告诉了我们，吉提翁告诉了我们，柯林•罗和克罗米娜也告诉了我们。与他们同时或在他们前后，还有弗兰普顿、斯卡利、詹克斯、塞维、芒福德、佩夫斯纳，还有拉斯金、瓦萨里……，很多很多。他们已经做了很多，而且还在做。他们和那些富有创造性的建筑师们一道，不仅赋予建筑以意义，还发展了它。

小时候读“盲人摸象”的故事，常常觉得他们的愚痴与偏颇非常可笑。现在我突然感到一种崇敬，对于他们的勇敢，对于他们的执著。

八、写史与读史

15 北京的交通问题出自交通吗？

16 吴佩孚，吾佩服

15

北京的交通问题出自交通吗？

到过北京的游客都能体会到这座城市的勃勃生机：繁荣的商业，永无止歇的建设，以及川流不息的人流和车流。一方面，城市一日千里的变化速度令人叹为观止，另一方面，我们也不得不面对种种令人担忧的现实：正在逐渐丧失的历史特征，嘈杂和混乱的城市景观，以及对大多数外来游客来说那最显著的现象——交通堵塞。

毫无疑问，交通堵塞是由多种原因造成的，例如城市中剧增的车辆，不遵守交通规则的行人和车辆，以及不能适应现状的原有道路设计。为了解决这些问题，北京市政府采取了一系列措施，如实行严格的交通管理、新建道路、扩充老街道等。但是，北京的交通问题真的出自交通吗？在大家都在建筑学以外寻找原因的时候，[1] 作为一个成长于这个城市并在其中生活过多年的建筑人士，我试图从建筑学的内部寻找答案。我想质疑20年前我在大学读书时就在学、至今城市设计仍在沿用的一套城市设计方法。我要说：现在是转变思路的时候了。

让我从自己在北京的生活经历讲起。我家是在20世纪60年代中期搬到北京的，原因是我的父母来到这个城市的一个政府机构工作。这个机构如同很多其他新中国成立后建立起来的机构一样，它们被称为一个“单位”。我父母的工作单位在一个“大院”里。这个大院子占地约200m×400m，也就是约2英亩，四周有围墙，大门有保安。大院里面的居民要走出院门才能与外面的城区接触。大院内有一栋办公楼和一座工作用的图书馆，还有本单位职工和家属的居住区、一座宽敞的多功能公共

1 我注意到，就在这次演讲的第二天，2005年12月21日《商务周刊》刊登了题为“中国宜居城市排行北京惨跌至第15位，交通成其软肋”的报道。（见http://news.wenxuecity.com/BBSView.php?SubID=news&MsgID=155329）

报道说：“2004年，北京市政府投入350亿元用于改善北京的交通状况。从现在开始到2008年，政府预计还将为此投入1800亿元。然而，交通似乎不是一个高投入就可以高产出的项目。在不少人眼中，北京至今仍是个‘交通残废’的城市。”报道接着介绍了目前市政府和专家们提出了一些解决的办法：更换公交车型，地铁换乘设计人性化，和“关键是要处理好人和车的交叉、车和车的交叉问题。”

本文是“中国、芝加哥和未来”系列讲座之一，该讲座由芝加哥大学戈兰学院和芝加哥姊妹城市国际项目联合开设，2005年12月20日。原载《世界建筑》，2006年9期，张婷英译中。

食堂（里面可以容纳百余人同时进餐，更多的人集会或看电影）、一个医务所、一个公共澡堂和理发店、一个为整个大院供暖的锅炉房、一个供电的变电所以及一个出售日用品的商店。对我来说，大院还有一个附属的重要的建筑，也就是我所就读的小学。为给大院所在的整个社区提供服务，学校位于大院之外，但也仅一街之隔。若要到比较大的百货商场去购物的话，人们需要步行约半个小时，但如果只是购买一般日用品，走路只需 3~5 分钟就行了。

工作单位和大院的城市规划模式最开始是从苏联介绍到中国的，这在 20 世纪 50 年代和 60 年代的北京非常典型。作为一个最基本的管理单元和城市规划单元，这种模式被运用于政府机构、工厂、学院以及大学校园的规划。总的说来，大院是一种自给自足的生活单元，是独立于大院之外的城市整体。在计划经济的社会中，人口流动缓慢、车辆也较少，大院包含了自身居民生活和工作所需的基本设施，而这些居民的子女也拥有最安全、最便利的上学条件。独立和自给自足是大院的特点，但同时，这个特点也意味着大院与城市的隔离。城市公共交通都只能从大院的外部或边缘经过而不能进入到大院的内部，更不能停在居民楼的边上。这样，从公共交通站点到大院大门以及从院门到自家住处这段距离，居民们就需要靠步行或骑自行车解决。例如，我曾居住的大院位于两条城市干道之间，西边是今天的北京三环路，东边是白颐路（现中关村大街）。院里的居民如果要到位于这两条干道上的公交站去，走路约需 10~15 分钟，是芝加哥的城市居民到邻近公交站时间的 5~10 倍。因为依靠公共交通到住所并不方便，于是自行车就成为每个家庭必不可少的辅助交通工具。每日的出行需要它们，搬运货物和物品也需要它们，这包括搬运数十斤重的米面袋子和燃气罐（在 20 世纪 80 年代，燃气代替煤成为大院居民的燃料），等等。许多外国游客常常称赞中国城市中的自行车是节能健身的交通工具，但是对于大多数中国城市居民来说，它只是弥补城市公共交通不足的手段。

这种情况在我学习和居住过的清华大学尤甚。清华是北京的一个超级“大院”，规模至少是我家所在大院的 10 倍。我记得，从学校的任何一个大门到我的二号楼宿舍，步行都需要 20~25 分钟，而往返于宿舍和教室、图书馆也是无车难行。由于偌大的校园没有公共交通工具，所以数万师生和家属就必须自备自行车。购买自行车、解决出行问题是每个新生的头等大事之一，而上下课时间的自行车洪流也自然成为清华园的一个景观。

经过约30年的发展，到了20世纪80年代，多数大院已经没有足够的空间供给其不断增多的居民和职工，大院亟需扩张。对诸如北京、上海这样的大城市来说，情况同样紧迫。可能的选择或是拆旧区、建新区，或是修建更多的生活设施来承受增加的城市人口。我们看到一种新的城市设计模式，它被称为“居住区”，或者说居民住宅区。它由大量住宅楼组成，以居住作为其主要功能。虽然居住区内的居民可能来自不同的单位，居住区的规模往往也比大院要大很多，但是从概念上来说，它仍旧沿袭了大院的模式，依然是一个不允许公共交通过境的封闭式城市单元。

大院模式和居住区模式自20世纪50年代开始实践至今，已经成为北京最典型的城市设计模式。一般情况下，大院和居住区都沿着城市主干道规划和建设，通过1~2个开口将城市道路系统与其内部的道路系统连接起来。而这些干道，则承担了联系城市与大院或居住区的巨大压力。因为居住区仅仅是居住的地方，居民需要依赖这些干道上下班或到城市的其他地方去。白颐路就属于这类干道。从这条路上的10个公共汽车站名，我们就可以看出这个城市是怎样设计的：国家图书馆、中国气象局、民族大学、魏公村（小区）、农业科学院、人民大学、海淀黄庄北（市区）、中关村南、中关村北、中关园和中关园北（请注意，它们是一条约6km长的大道上的所有公交站点，而在芝加哥一段距离相似的大街上，公交站点有约30个）。可以看出，这一地区的城市规划不是一个网络，而像是一个长有很多树叶的树枝：每个人要经过叶脉一样的大院或居住区内部道路到达“叶柄”，也就是大院或居住区的主入口，而每一个大院和居住区都要通过这个主入口才能与这条城市干道相连接。这也意味着这些大院和居住区中的工作人员或居民都需要依靠这条干道才能转到邻近的其他小区，更不用说去北京的其他区域了。枝叶繁茂时树的主干必须粗壮才能提供必要的养料，而当大院和居住区内的人口和车辆数目增加后，唯一能缓解交通矛盾的手段就是扩宽干道。于是在所难免，亲切的街道空间和宜人的步行环境也就成为牺牲的对象。现在，这条路最宽处已经达到双向六车道，像国道一样宽了，但它其实仅仅是一条市区级的街道而已。[2]

2 事实上，在同等数量的用地面积下，增加路网的密度比增加道路的宽度能更有效地增加道路使用方式，降低拥堵概率。

在过去的15年中，尤其是在北京获得2008年奥运会主办权以后，我们看到城市中新的一轮建设和开发的热潮。但是在城市建设中占大量比重的还是按照居住区模式设计并沿城市主干路发展的新住区。私家车的增加虽然使得居民在距城区比较远的地方购买住房成为可能，但是由于主干道容量有限，而车辆的增加却非常迅速，主干道上的行驶速度被迫降低，这就使在较远的居住区居住也越来越不便。

现代的建筑师普遍认为，王朝时代建于北京中心的紫禁城阻碍了城市由南至北和由东至西的交通。不幸的是，在当今北京新区的建设中，我们随处可见大大小小的“紫禁城”。它们在初建的时候或许是位于城市的边缘郊区，但随着城市的向外扩展，已经变为中心城区的一部分，而构成了城市内外交通的障碍。在中国，包括上海这样在19世纪和20世纪初曾以网格形道路为系统的城市，在20世纪50年代后也大都采用了小区和居住区模式。直到今天，它们仍然是中国城市规划实践与教学中的主导模式。更加棘手的是，因为每一个这样的大院或者居住区都自成一体，而且设计者多把曲折的道路视作提高小区空间趣味的手段，因此，即使将它们向公共交通系统开放，其内部的道路也将很难与城市的街道系统相整合。

北京的交通问题是由交通引起的吗？我回答：不是，从根本上说不是。依我之见，与其不断地拓宽已有的街道、修建环城公路和一条条干道，倒不如尽可能打开这些“紫禁城”一样的住宅区，将它们内部的道路系统变为城市道路系统的有机部分。更为根本的是，北京以及中国其他的大城市应该放弃来自苏联的大院和居住区式的城市设计模式，而去接纳那种更具可持续性的发展策略，那就是格网体系，或者称作“街坊”。[3] 这种模式在5世纪就已经普及于中国的城市规划和设计，也在汽车时代的西方城市广泛通行。

3 需要说明的是，尽管格网体系与街坊具有相似的城市结构，但二者各自强调的重点截然相反。前者强调道路系统，后者强调被道路系统所分割的建筑街区。

北京中关村大街街景（作者摄，2003年夏）

16

吴佩孚，吾佩服

近日网络上盛传“一位房地产商”和北京房地产协会会长的高论，说将紫禁城炸掉，改建为住宅区将如何如何。这不禁令我想到了吴佩孚。吴氏在中国近代史书中多被称为“军阀”，更因镇压“二七”大罢工而恶名昭著。但他一生至少有两件事无负中国，且应流芳千古。第一是在日本侵华战争爆发、北平等地沦陷的关头，他表现出了可贵的民族气节，拒绝与日伪合作。第二是在北京紫禁城宫殿面临被北京政府“现代化”改造的关头，他挺身而出，致电反对。为了第一件事，在他死后（有人说是死于日本牙医之手），国民政府追认他为陆军一级上将；而其第二件事，国人至今知之甚少，他尚没有获得应有的承认，更不用说赞颂。

吴佩孚

吴氏的这封电报现保存于南京中国第二历史档案馆，全文如下：“国务院张总理、内务部高总长、财政部张总长均鉴：顷据确报，北京密谋决拆三殿，建西式议院，料不足则拆乾清宫以补足之，又迁各部机关于大内而鬻各部署，卖五百年大楠木殿柱利一，鬻各部署利二，建新议院利三，建各新部署利四。倡议者处心积虑，无非冀遂中饱之私。查三殿规模闳丽，建明永乐世，垂今五百年矣，光绪十五年太和门灾被修之费，每柱糜国帑至五万元。尝闻之欧西游历归者据［俱?］云，百国宫殿精美则有之，无有能比我国三殿之雄壮者，此不止中国之奇迹，实大地百国之環［瑰?］宝。欧美各国无不斷斷以保存古物为重，有此号为文明，无此号为野蛮，其于帝殿教庙，尤为郑重。印度已逐蒙古帝，英人已灭印度王，而于爹利鸭加喇两地，蒙古皇帝至今珍护，坏则

原载《读书》，2008年8月。

修之，其勒桡各王宫，至今巍然。英灭缅甸，其阿瓦京金殿庄严如故。至埃及六千年之故宫，希腊之雉［雅］典故宫，意大利之罗马故宫，至今犹在。累经百劫，灵光巍然。凡此故宫，指不胜屈。若昏如吾国今日之举动，则久毁之矣。骤闻毁殿之讯，不禁感喟，此言虽未必信，而究非无因，而至若果拆毁，则中国永丧此巨工古物，重为万国所笑，即亦不计何忍以数百年故宫供数千人中饱之资乎？务希毅力维持，保存此大地百国之環［瑰?］宝，无任欣幸，盼祷之至。吴佩孚号。”这封电报发自洛阳，即吴佩孚的大本营，收电人当是北京政府历届内阁中唯一的张姓总理张绍曾及其内务总长高凌霨和财政总长张英华。虽然档案只标有5月20日，没有年别，但据张绍曾的在职时间，可知事在1923年。

吴氏的担心的确“究非无因”。1923年北京政府确有改紫禁城宫殿为议院之计划，只不过还未“野蛮”到要拆三殿的程度。据司汗研究，改造计划委托瑞典建筑师阿尔宾•J. 施达克（Albin J. Stark）制定，他在当年4月1日提交了两个方案（图1、图2），主要内容是移开原来占据太和殿空间中心的帝座，然后沿矩形平面的短轴或长轴呈扇形布置议员席位，另外在大殿东西两端的院墙北侧加建议院附属用房，以便最大程度上保存建筑原有的结构和外部视觉效果。但此后建筑师迟迟没有得

图1 太和殿改建议院图（方案一）

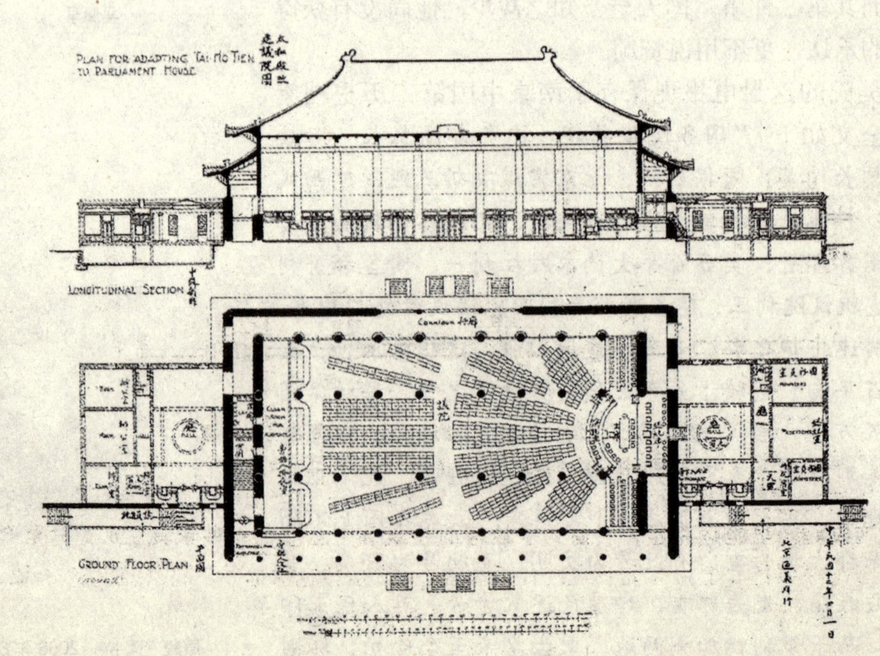

到回复，至 6 月获悉计划已被取消。[1] 司汗的论文没有说明计划取消的原因，但时间恰在吴佩孚的电报之后，或许表明他的呼吁收到了的效果。

1924 年吴佩孚 50 寿辰，曾获康有为所赠对联“牧野鹰扬，百岁功名才一半；洛阳虎视，八方风雨汇中州。”吴佩孚因此视康有为为知音。事实上二人对古物保护的态度也颇为相同。1904 年康有为游历欧洲之后，曾写诗表达对中国古迹保存不善的悲哀：“古物存，可令国增文明。古物存，可知民敬贤英。古物存，能令民心感兴。吁嗟印、埃、雅、罗之能存古物兮，中国乃扫荡而尽平。甚哉，吾民负文化之名。埃及陵塔何嵯峨，印度殿塔岁月多，雅典古庙何婆娑，罗马坏殿遗渠侵云过。是皆周汉以前物，英雄遗迹啸以歌。回顾华土无可摩，文明证据空山河。我心怦怦手自搓，惟有长城奈若何。”[2]

据王军《城记》记录，20 世纪 50 年代改造紫禁城之议曾再起；又据王明贤所发现的“文革”史料，20 世纪 60 年代北京市政府也曾有所谓“故宫改建规划”[3]，幸都未成真。如今又有觊觎者。虽或属恶搞，“未必信”，但却不能不令人担忧。俗话说“不怕贼偷，就怕贼惦记”。看来紫禁城的劫难尚未终了，吴氏若有知，不知何感。

（感谢孙晓燕先生在 2009 年第 4 期《读书》杂志中的指正）

1 司汗，《施达克——改建紫禁城的瑞典建筑师》，张复合主编《建筑史论文集》第 16 辑，清华大学出版社，2002 年，166~173 页。

2 康有为著，钟叔河校点，《欧洲十一国游记》，长沙：湖南人民出版社，1980 年，102 页。

3 《城市规划革命》，1967 年。

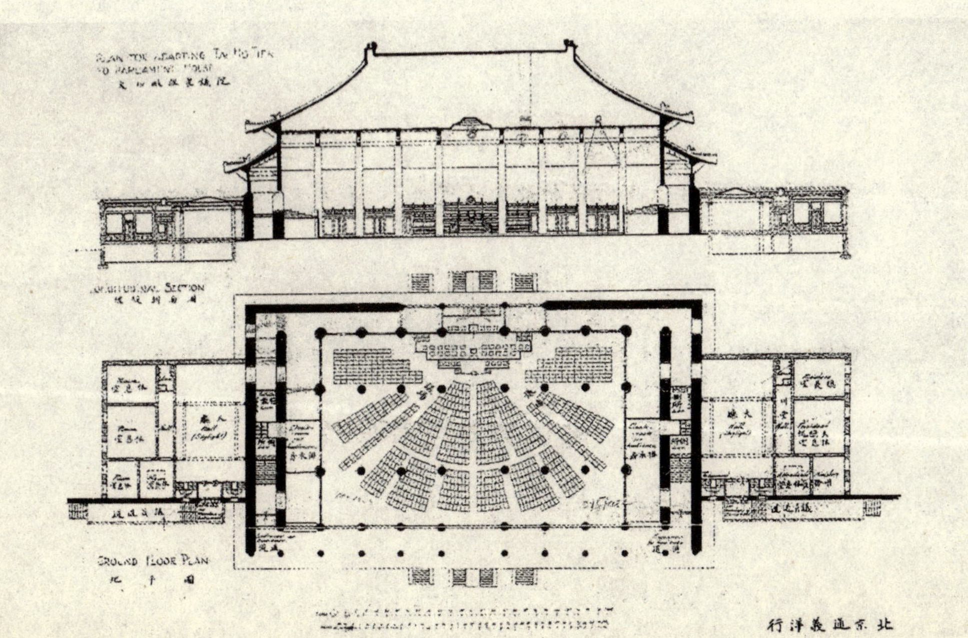

图 2 太和殿改建议院图（方案二）

不学史，无以言

（代跋）

我当过学生，也当过老师，现在又在当学生。当学生时学过建筑史，当老师时教过建筑史，现在又在学建筑史。无论是当学生还是当老师，都碰到过一个问题，为什么要学建筑史？现在我答：不学史，无以言。

浅里说，学建筑史可以知道许多好建筑师、好建筑。就像懂音乐的人都应该知道海顿、莫扎特、贝多芬，学建筑的人也应该知道有菲迪亚斯、伯鲁乃列斯基，有伯拉孟特、帕拉第奥，更不用说还有赖特、柯布西耶、密斯和贝聿铭；应该知道建筑和音乐一样，有阳春白雪，也有下里巴人。追摹那种“高雅之单纯，静穆之伟大”的境界，做出的东西才不会那么土，那么俗，那么横。

稍微进一步说，学建筑史还可以让我们学会看建筑。例如，杨廷宝先生的作品给人稳健秀雅的印象，这是因为它们在整体上常常遵循了古典的黄金分割比例：在外观上，它们常常有水墨渲染才能表现的细腻光影；而在细部上，杨先生常常采用清式建筑“海棠瓣”的经典做法，使墙身和构件方中有圆，柔中见刚。又如，他设计的北京交通银行的壁柱高是楣梁的5倍，间距是柱宽的2倍，而柱高又是间距的2.85倍，这些都与帕拉第奥的圆厅别墅爱奥尼式柱廊的比例一样。我们因此可以懂得，正经的“欧陆风格”背后，还有一套千锤百炼的比例和建筑师对美的精微把握，

原载杨永生编，《建筑百家言续编——青年建筑师的声音》，北京：中国建筑工业出版社，2003年。

它不仅仅是五种柱式、拱券，外加山花和穹顶。沐猴而冠了也当不了时装模特，因为它没有那个身段儿，更没有那种气质。

标准再高一些说，建筑史还可以告诉我们，今天的建筑话语是如何形成的。例如，说建筑最重要的是功能，要提到古罗马的维特鲁威，近代德国的扈布什、散帕尔；说建筑应该表现结构的理性，要提到法国的劳吉埃、维奥雷·勒-杜克；说建筑应该表现人的精神追求，要提到英国的普金和拉斯金；说建筑应该表现民族性和地方性，要提到德国的哥德和赫尔德；说建筑反映了时代精神，至少应说到德国的温克尔曼、黑格尔和布克哈特；说建筑的发展体现了人们空间观念的进步，同样应该说到德国的弗兰科尔、吉迪安，还有意大利的载维；而说建筑的审美应从人的体验出发，就应该说到另一位英国人斯科特，以至他背后的移情论美学及其倡导者——德国的费肖尔和利普斯。即使在今天引起普遍兴趣的建构论，也可以追溯到德国的辛克尔、瓦格纳，等等，等等。而最早说中国建筑之美在于其结构的合理的，则是梁思成和林徽因。……建筑史丰富了人们的建筑认识，也告诉我们建筑美是多元的，我们不必盲从。建构在巨人们打下的基石上，我们有“中国特色的建筑理论”才会精深而博大。

建筑史还可以帮助我们证伪。如柯布西耶站在现代工业美学的立场说：“建筑是居住的机器。”加拿大建筑史家柯林斯从城市环境的角度说：不对，机器是可移动的，设计机器不必考虑环境；建筑不一样。又如，有人说，中国建筑最“天人合一”。建筑史告诉我们说：不对，在中国的古代，盖房子要砍很多树。

……

子曰：“不学《诗》，无以言。”小子曰：“不学史，无以言。”信不？

2002年10月20日于芝加哥